正多面体と素数

橋本義武

正多面体と素数（'21）

©2021 橋本義武

装丁・ブックデザイン：畑中　猛

o-22

まえがき

　正多面体，そして素数は，いずれも古代から知られている数学的対象です．この科目では，その2つの間の不思議なつながりに導かれて旅をしたいと思います．

　予備知識として，ベクトルや行列といった線形代数の概念に触れたことがあると大いに助けになるでしょう．線形代数は，学んだ当初はそれが何のためのものなのかがピンとこないかも知れませんが，それに続いて，たとえば群・環・加群といった抽象代数学，線形微分方程式・ベクトル解析・フーリエ解析，多様体などを学んだとき，「ああ，あれはこういうことだったのか」と，線形代数で学んだことの意味がようやく腑に落ちる，ということがあります．ここでは，正多面体や素数について考察を進める中で，線形代数の道具を手になじませ，その見方で世界を見るようになっていただければと思っています．

　ここで着目するのは，正多面体そのものと言うより，正多面体の対称性です．そして図形や立体の対称性を言語化するのが群の概念です．群が目に見える図形や立体の対称性を言葉にするとき，その言葉は私たちの精神の志向性を，目に見える対称性を超えた目に見えない対称性へと引き上げます．

　群とは何でしょうか．「○○とは何か」という問いに答えるのは，普通，○○という用語の定義ですが，現代数学の場合，用語の定義は，「○○とは何か」と問うときに私たちの精神が期待している答とは少し違った姿をしています．「○○とは何か」を問うことは言わば長い旅であり，用語の定義は旅立ちのときに手に持っている小荷物に過ぎません．わらしべ長者の藁のようなものです．群の定義も，群とは何かが知りたい人の期

待に答えてはくれませんが，これを手に持って旅立つとき，旅先で出会う環や加群の定義を手に入れることに戸惑いはないでしょう．

　正多面体と素数の話にもどると，群に続いて手に入れるいろいろなアイテムの中でも，射影直線・代数的整数・有限体が鍵になります．これらを身に帯びるとき，この本全体の主題が明らかとなるでしょう．

　執筆・校正の期間，編集を担当してくださった方にはいろいろお世話になりました．感謝を申し上げます．それから，いつも親切にしてくださるスターバックスの店員さんにも．いつもの場所でいつものコーヒーが飲めることが当たり前ではなかったこの一年を振り返りつつ．

2020 年 12 月

橋本義武

目 次

1 | 正多面体に現れる素数

数学は数えることに始まる．ここでは正多面体の頂点・辺・面の個数を数えてみる．

《キーワード》多面体，正多面体，頂点・辺・面，素数

1.1 多面体と正多面体

1.1.1 多面体

多面体 (polyhedron) とは，**頂点** (vertex) の間を結ぶ **辺** (edge) によって，表面がいくつかの多角形に分割されている立体のことである．表面のことだけを指すこともある．表面を分割している多角形を多面体の **面** (face) とよぶ．

多面体 P の頂点の個数を $v = v(P)$，辺の個数を $e = e(P)$，面の個数を $f = f(P)$ で表すことにする．

例 1.1 n 角柱の場合，$v = 2n$, $e = 3n$, $f = n+2$ である．

n 角錐の場合，$v = n+1$, $e = 2n$, $f = n+1$ である．

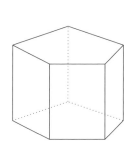
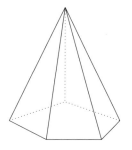

　いずれの場合も，$v - e + f = 2$ となっている.

　ドーナツのように，穴の開いている立体もある. ここで穴と言ったのは入口と出口のあるトンネルのことである. 立体の穴と言ったら，外部につながっていない空間，『す』を指すこともある. 『す』は『鬆』と書く. 『骨粗鬆症』に使われる漢字である. トンネルと『す』の区別をつけてくれるのが，**トポロジー** (topology) である. なおトポロジーの教えでは，落とし穴のようなものは穴ではない. それはただへこんでいるだけであり，落ちたら落ちたで這い上がればいい.

　トンネルの穴も『す』の穴もない立体については，次が成り立つ.

定理 1.1（オイラー (Euler) の多面体定理）　穴のない多面体に対し，$v - e + f = 2$ が成り立つ.

　これは **トポロジー** の定理である.

　証明のアイデアを述べる.

　穴のない多面体の表面から面を 1 つ取り除く. これを変形して，平面の上に乗せることができる. これは多角形を多角形に分割したものになっている. よってこの定理は次の定理に帰着される.

定理 1.2　多角形を多角形に分割するとき，頂点・辺・面の個数をそれぞれ v, e, f とすると，$v - e + f = 1$ が成り立つ.

　これを証明しよう.

　元の多角形の周上の辺を 1 つ取り除くと面も 1 つ減る. このとき $v - e + f$ は不変である.

　この操作を繰り返すと，面がなくなって頂点と辺だけの図形になる. この図形は 1 つにつながっていて，輪になっている部分はない.

定義 1.1　(1) 頂点を辺でつないでできる図形を **グラフ** (graph) と言う.

(2) 1 つにつながっていて, 輪になっている部分のないグラフを **ツリー** (木, tree) と言う.

(3) ツリーの頂点で, 1 つの辺のみにつながっているものを **端点** あるいは **外点** と言う. 2 つ以上の辺につながっているものを **内点** と言う.

ここまでの議論によって, オイラーの多面体定理は次に帰着されている.

定理 1.3　ツリーの頂点・辺の個数をそれぞれ v, e とすると, $v - e = 1$ が成り立つ.

証明　端点を 1 つ取り除くと辺も 1 つ減る. このとき $v - e$ は不変である. この操作を繰り返すと, 辺がなくなって 1 つの頂点だけになる. したがって, $v - e = 1 - 0 = 1$. □

1.1.2 正多面体

定義 1.2　**正多面体** (regular polyhedron) とは, 穴のない多面体であって,

(1) すべての面がたがいに合同な正多角形
(2) 各頂点から出る辺の個数が同じ

という条件をみたすもののことである.

古代より, 次の定理が知られている.

定理 1.4　正多面体は, **正 4 面体** (tetrahedron), **正 6 面体**(立方体, cube), **正 8 面体** (octahedron), **正 12 面体** (dodecahedron), **正 20 面体** (icosahedron) の 5 つのみである.

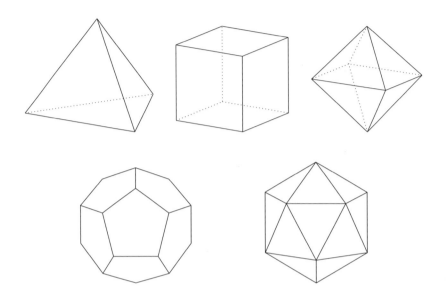

これらをそれぞれ，Te, Cu, Oc, Do, Ic という記号で表すことにする．

証明 正多面体の頂点には，少なくとも 3 つの面が集まっている．したがって，正多面体の面になりうる正多角形の内角は $\dfrac{360°}{3} = 120°$ より小さい．よって正 3, 4, 5 角形のみがありうる．

正 3 角形の場合，1 つの頂点に 3, 4, 5 個の面が集まることが可能である．正 4 角形（正方形），正 5 角形の場合，1 つの頂点に 3 つの面が集まることが可能である．

この 5 つの場合に対応する正多面体が，それぞれ正 4 面体，正 8 面体，正 20 面体，立方体，正 12 面体である．　　　　　　　　　　　　□

正多角形は無限にあるのに，正多面体は 5 つしかない．この事実は，古代より神秘的なことと思われてきた．証明できることであり，かつ神秘的である，ということが数学にはあるのである．

1.2 頂点・辺・面の個数

1.2.1 頂点・辺・面の個数の表
正多面体の頂点・辺・面の個数は次の表のようになっている.

	v	e	f
Te	4	6	4
Cu	8	12	6
Oc	6	12	8
Do	20	30	12
Ic	12	30	20

　正多面体の頂点・辺・面の個数の表を観察すると，同じ数になっているところがある. **これは偶然だろうか，それとも何か幾何学的な理由があるのだろうか？**

　この一致は，以下で述べるような幾何学的事実によるものである.

1.2.2 正多面体の間の対応
(1)　$f(\mathrm{Cu}) = v(\mathrm{Oc}) = 6$, $f(\mathrm{Oc}) = v(\mathrm{Cu}) = 8$ となっている. これは，立方体の面の中心を隣どうし結ぶと正 8 面体ができ，正 8 面体の面の中心を隣どうし結ぶと立方体ができることに由来している.

(2)　$f(\mathrm{Do}) = v(\mathrm{Ic}) = 12$, $f(\mathrm{Ic}) = v(\mathrm{Do}) = 20$ となっている. これは，正 12 面体の面の中心を隣どうし結ぶと正 20 面体ができ，正 20 面体の面の中心を隣どうし結ぶと正 12 面体ができることに由来している.

(3)　$f(\mathrm{Te}) = v(\mathrm{Te}) = 4$ となっている. これは，正 4 面体の面の中心を隣どうし結ぶと再び正 4 面体ができることに由来している.

(4)　$e(\mathrm{Te}) = v(\mathrm{Oc}) = 6$ となっている. これは，正 4 面体の辺の中点を結んで正 8 面体を作ることができることに由来している.

(5)　$f(\mathrm{Cu}) = e(\mathrm{Te}) = 6$ となっている. これは，立方体の各面に対角

線を 1 つずつ引いて，正 4 面体を作ることができることに対応して
いる．1 つの面の対角線を決めると，他の面の対角線は自動的に決
まる．

(6) $f(\text{Do}) = e(\text{Cu}) = 12$ となっている．これは，正 12 面体の各面に対
角線を 1 つずつ引いて，立方体を作ることができることに対応して
いる．1 つの面の対角線を決めると，他の面の対角線は自動的に決
まる．

1.2.3 正多面体の外接球面

正多面体 R に対し，すべての頂点を通る球面 S が存在する．これを
外接球面 とよぶ．外接球面 S の中心から，辺の中点と面の中心を S へ
射影する．すなわち，中心から辺の中点あるいは面の中心に引いた半直
線と，S の交点を取る．以下，辺の中点・面の中心と言ったら，S 上に
射影した点を指すこともある．

こうして，R の頂点の他に，辺の中点と面の中心が外接球面 S 上にで
きる．このうち，頂点の集合，辺の中点の集合，面の中心の集合を，そ
れぞれ $R_S{}^0, R_S{}^1, R_S{}^2$ で表し，$R_S = R_S{}^0 \cup R_S{}^1 \cup R_S{}^2$ とおく．有限集
合 X の元の個数（基数）を $|X|$ で表すと，

$$|R_S{}^0| = v(R), \quad |R_S{}^1| = e(R), \quad |R_S{}^2| = f(R)$$

である．

上で述べた正多面体の間の関係は，点の集合 R_S の間の関係と見るこ
ともできる．

(1) 立方体と正 8 面体は，集合 R_S が同じである．すなわち $\text{Cu}_S = \text{Oc}_S$
と見ることができる．ただし，頂点と面の中心が入れ替わってい

て，辺の中点どうしは一致している．すなわち，

$$\mathrm{Cu}_S{}^0 = \mathrm{Oc}_S{}^2, \quad \mathrm{Cu}_S{}^1 = \mathrm{Oc}_S{}^1, \quad \mathrm{Cu}_S{}^2 = \mathrm{Oc}_S{}^0$$

と見ることができる．

(2) 正 12 面体と正 20 面体は，R_S が同じである．すなわち $\mathrm{Do}_S = \mathrm{Ic}_S$ と見ることができる．ただし，頂点と面の中心が入れ替わっていて，辺の中点どうしは一致している．すなわち，

$$\mathrm{Do}_S{}^0 = \mathrm{Ic}_S{}^2, \quad \mathrm{Do}_S{}^1 = \mathrm{Ic}_S{}^1, \quad \mathrm{Do}_S{}^2 = \mathrm{Ic}_S{}^0$$

と見ることができる．

(3) したがって，正多面体は 5 つあるが，対応する外接球面上の点の集合は，$\mathrm{Te}_S, \mathrm{Oc}_S, \mathrm{Ic}_S$ の 3 つである．

(4) $\mathrm{Te}_S^0 \cup \mathrm{Te}_S^2 = \mathrm{Oc}_S^2, \mathrm{Te}_S^1 = \mathrm{Oc}_S^0$ と見なすことができる．このとき，正 4 面体の頂点に対応する正 8 面体の面どうしは隣り合わず，正 4 面体の面に対応する正 8 面体の面どうしは隣り合わない．

(5) $\mathrm{Oc}_S^0 \subset \mathrm{Ic}_S^1, \mathrm{Oc}_S^2 \subset \mathrm{Ic}_S^2$ と見なすことができる．ゆえに $\mathrm{Te}_S \subset \mathrm{Ic}_S$ と見なすことができる．

1.2.4 集合の和と交わり

現代数学は，**集合** の言語を用いて語られる．本書で用いるものについては，折りにふれ少しずつ導入していく．ときどき唐突に集合の話が始まるのはそういうことである．

定義 1.3　集合 $A_1, \ldots, A_n$ に対し，

(1) $A_1, \ldots, A_n$ のいずれかに属する元全体の集合を $A_1 \cup \cdots \cup A_n = \bigcup_{i=1}^{n} A_i$ で表し，これを $A_1, \ldots, A_n$ の **和集合** とよぶ．

(2) $A_1, \ldots, A_n$ のすべてに属する元全体の集合を $A_1 \cap \cdots \cap A_n = \bigcap_{i=1}^{n} A_i$ で表し, これを $A_1, \ldots, A_n$ の **交わり** あるいは **共通部分** とよぶ.

$I = \{1, 2, \ldots, n\}$ とおき, $\bigcup_{i \in I} A_i = \bigcup_{i=1}^{n} A_i$, および $\bigcap_{i \in I} A_i = \bigcap_{i=1}^{n} A_i$ という記号を導入しておく. 数列 $a_1, \ldots, a_n$ に対し,

$$\sum_{i \in I} a_i = a_1 + \cdots + a_n, \quad \prod_{i \in I} a_i = a_1 \cdots a_n$$

という記号もよく用いられる.

記号 $\bigcup_{i \in I} A_i, \bigcap_{i \in I} A_i$ は, I が無限集合のときにも意味がある. すなわち,

定義 1.4 集合 I と集合の族 $A_i \, (i \in I)$ に対し,

(1) $A_i \, (i \in I)$ のいずれかに属する元全体の集合を $\bigcup_{i \in I} A_i$ で表し, これを族 $A_i \, (i \in I)$ の **和集合** とよぶ.

(2) $A_i \, (i \in I)$ のすべてに属する元全体の集合を $\bigcap_{i \in I} A_i$ で表し, これを族 $A_i \, (i \in I)$ の **交わり** あるいは **共通部分** とよぶ.

集合 A, B に対し, $A \smallsetminus B = \{x \mid x \in A, \, x \notin B\}$ と書く.

1.2.5 正多面体に現れる素数

正多面体 Te, Oc, Ic の表をもう一度見てみよう.

	v	e	f
Te	4	6	4
Oc	6	12	8
Ic	12	30	20

1 を引いてみると，すべて **素数** になっている.

	$v-1$	$e-1$	$f-1$
Te	3	5	3
Oc	5	11	7
Ic	11	29	19

また，v, e, f のうちの 2 つの和，3 つの和から 1 を引くと，素数ある
いは素数の 2 乗になっている.

	$v+f-1$	$v+e-1$	$e+f-1$	$v+e+f-1$
Te	7	$9=3^2$	$9=3^2$	13
Oc	13	17	19	$25=5^2$
Ic	31	41	$49=7^2$	61

すなわち，$I \subset \{0, 1, 2\}$ に対し，$R_S{}^I = \bigcup_{a \in I} R_S{}^a$ とおくとき，次が成
り立っている.

定理 1.5　正多面体 R と空でない $I \subset \{0, 1, 2\}$ に対し，$|R_S{}^I| - 1$ は素
数あるいは素数の 2 乗である.

**これは偶然だろうか，それとも何か幾何学的な事実が背後にあるのだろ
うか？**
その答を探しに旅に出ることにしよう. 少し長い旅になるだろう.

演習問題

(1) 多角形の頂点・辺の個数を v, e とすると，$v-e$ はいくつになるか.
(2) ドーナツの形の立体の表面を多角形に分割する. 頂点・辺・面の
個数を v, e, f とすると，$v-e+f$ はいくつになるか.

(3) 正多面体 R に対し，(R の面，その面の辺，その辺の端点）という3つ組を，**旗**とよび，その個数を $B(R)$ で表す．$B(R) = 4e(R)$ を示せ．

(4) 各正多面体 R に対し，$\dfrac{1}{2}B(R) + v(R) + e(R) + f(R) - 1$ を求めよ．

(5) 正多面体 R の頂点の近くを，元の辺が残るように切り落として，2種類の正多角形を面とする多面体 R' を作る．この多面体の頂点・辺・面の個数を求めよ．

(6) 正多面体 R の頂点の近くを，元の辺が残らないように切り落として，たかだか2種類の正多角形を面とする多面体 R'' を作る．この多面体の頂点・辺・面の個数を求めよ．

[略解]

(1) $v - e = 0$

(2) $v - e + f = 0$

(3) 正多面体の辺は，2つの頂点を結び，2つの面の境目にある．

(4) $R = \text{Te}$ のとき，5^2．$R = \text{Cu}, \text{Oc}$ のとき，7^2．$R = \text{Do}, \text{Ic}$ のとき，11^2．

(5)

	v	e	f
Te$'$	12	18	8
Cu$'$	24	36	14
Oc$'$	24	36	14
Do$'$	60	90	32
Ic$'$	60	90	32

(6)

	v	e	f
Te$''$	6	12	8
Cu$''$	12	24	14
Oc$''$	12	24	14
Do$''$	30	60	32
Ic$''$	30	60	32

2 | 正多角形と正多面体の対称性

「2つの図形が合同である，とはどういう意味ですか？」
「形が同じ，ということだ」
「では形とは何ですか？」

《キーワード》写像，1対1対応，対称性，回転，鏡映，正多面体群

2.1 1対1対応と対称性

2.1.1 写像と1対1対応

数学の威力は，別の場所で現れた2つの対象を同一視することにおいて発揮される．そのような思考を意味のブレのないように記述するのが，集合の間の **1対1対応** の概念である．1対1対応は，それより広い概念である **写像** の一種として位置づけられる．

集合 X の各元 x に集合 Y の元 $f(x)$ を対応させることを，X から Y への **写像** $f\colon X \to Y$ (map, mapping) を与えると言う．

写像 $f, g\colon X \to Y$ がたがいに **等しい** とは，

- 任意の $x \in X$ に対し $f(x) = g(x)$

となることである．これを $f = g$ で表す．

元 $x \in X$ に $x \in X$ を対応させる写像 $\mathrm{id}_X\colon X \to X$ を **恒等写像** (identity) と言う．また，X の部分集合 S に対し，$x \in S$ に $x \in X$ を対応させる写像 $i\colon S \to X$ を **包含写像** (inclusion) と言う．このようなものにまで名前をつけるのかと思うかも知れないが，つけるのである．

写像 $f\colon X \to Y$ と $A \subset X$ に対し，写像 $f|_A\colon A \to Y$ を $f|_A(x) =$

$f(x)$ $(x \in A)$ によって定めることができる. これを f の A への **制限** と言う.

写像 $f \colon X \to Y$ と $g \colon Y \to Z$ に対し, $x \in X$ に $g(f(x)) \in Z$ を対応させる写像を f, g の **合成** (composition) と言い, $g \circ f$ で表す.

写像 $f \colon X \to Y$ と $\varphi \colon Y \to X$ が, 条件

- 任意の $x \in X, y \in Y$ に対し, $y = f(x)$ と $x = \varphi(y)$ は同値

をみたすとき, φ は f の **逆写像** (inverse mapping) であると言う. f の逆写像を f^{-1} で表す.

写像 $f \colon X \to Y$ の逆写像が存在するとき, f は **1 対 1 対応** (one-to-one correspondence) であると言う.

恒等写像は 1 対 1 対応である. 恒等写像の逆写像は自分自身である.

一般の写像がどのように 1 対 1 対応からずれているのかと言うと, 大きく分けてそのずれには 2 種類のものがある. すなわち, 写像 $f \colon X \to Y$ において,

(1) $y \in Y$ に対し, $f(x) = y$ となる $x \in X$ が 1 つだけではない.

(2) $y \in Y$ に対し, $f(x) = y$ となる $x \in X$ が存在しない.

というずれである. 1 対 1 対応なら, $f(x) = y$ となる $x \in X$ が各 $y \in Y$ に対してちょうど 1 つずつ存在する.

定義 2.1 (1) 写像 $f \colon X \to Y$ が **単射** (injection) であるとは,

- 任意の $x, x' \in X$ に対し, $x \neq x'$ ならば $f(x) \neq f(x')$

が成り立つことである.

(2) 写像 $f \colon X \to Y$ に対し, Y の部分集合

$$f(X) = \{ f(x) \mid x \in X \}$$

を f の **像** (image) と言う.

(3) 写像 $f\colon X \to Y$ に対し，$f(X) = Y$ であるとき，f は **全射** (surjection) であると言う．

(4) 写像 $f\colon X \to Y$ が単射でありかつ全射であるとき，f は **全単射** (bijection) であると言う．これは 1 対 1 対応であることと同値な条件である．

単射と単射の合成は単射である．全射と全射の合成は全射である．全単射と全単射の合成は全単射である．

写像 $f\colon X \to Y$ に対し，$f(X) \subset Y' \subset Y$ ならば，f を X から Y' への写像と見なすことができる．

単射 $f\colon X \to Y$ が与えられたとき，X と $f(X)$ を同一視して，X が Y の部分集合であるかのように扱うことがある．

2.1.2 図形の合同と対称性

図形 X が Y に **合同** (congruence) であるとは，X を平行移動したり回転させたり裏返したりして，Y にぴったり重ねることができるということである．これを $X \equiv Y$ で表す．

こうして，図形の『形』という概念を，『形を変えない操作』を列挙することによって間接的に定める．すなわち，平行移動・回転・裏返し，という操作のリストを明記するとき，『その操作によって変わらない本質』として，『形』という概念が定まっていると考えるのである．

平行移動・回転・裏返しを合わせて，**合同変換** と言う．

図形 X を動かして図形 Y にぴったり重ねるとき，X の点と Y の点の間の 1 対 1 対応が得られる．

『図形が図形に合同である』という関係は，次の条件をみたす．

(1) (反射律) $X \equiv X$

(2) (対称律) $X \equiv Y$ ならば $Y \equiv X$

(3) (推移律) $X \equiv Y$ かつ $Y \equiv Z$ ならば, $X \equiv Z$

一般に,反射律・対称律・推移律をみたす関係を **同値関係** (equivalence relation) と言う. 3つの条件にわざわざ名前がついていることから察せられるように,これは極めて重要な概念である.

図形の **対称性** (symmetry) とは,平行移動したり回したり裏返したりして自分自身とぴったり重ねる操作のことである. これから,対称性の数学について考えていく.

二等辺三角形は,裏返して自分自身と重なる対称性(線対称性)をもつ. 平行四辺形は,1点を中心に半回転して自分自身と重なる対称性(点対称性)をもつ. 円は,中心の周りの回転によって自分自身と重なる対称性(回転対称性)と,中心を通る直線に関する線対称性をもつ.

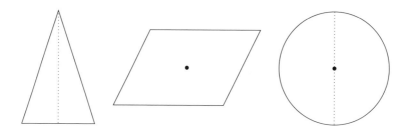

2.2 正多角形の対称性

2.2.1 対称性から図形を見る

長方形の隣り合う辺の中点を結ぶと菱形ができる. 菱形の隣り合う辺の中点を結ぶと長方形ができる. このとき,長方形と菱形の対称性は同じになる. すなわち,2つの直線に関して線対称であり,1つの点に関して点対称である. このように,見かけは異なっていても対称性が同じで

ある図形がある.

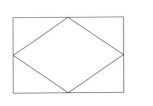 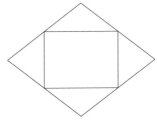

正多面体の場合も，立方体と正 8 面体，正 12 面体と正 20 面体はそれぞれ対称性が同じになる.

正多面体 $R = $ Te, Cu, Oc, Do, Ic に対し，R を回転 (rotation) させて自分自身にぴったり重ねる操作すべての集合を G_R で表す. この記号を本書を通じて用いる.

このような回転は，前章で定義した R の外接球面 S 上の点の集合 $R_S{}^a$ $(a = 0, 1, 2)$ をそれぞれ自分自身にぴったり重ねる. すなわち G_R に属する回転は，$R_S{}^a$ から $R_S{}^a$ への 1 対 1 対応 を与える.

$\mathrm{Cu}_S{}^0 = \mathrm{Oc}_S{}^2$, $\mathrm{Cu}_S{}^1 = \mathrm{Oc}_S{}^1$, $\mathrm{Cu}_S{}^2 = \mathrm{Oc}_S{}^0$ と見ることができるので，$G_{\mathrm{Cu}} = G_{\mathrm{Oc}}$ となる.

$\mathrm{Do}_S{}^0 = \mathrm{Ic}_S{}^2$, $\mathrm{Do}_S{}^1 = \mathrm{Ic}_S{}^1$, $\mathrm{Do}_S{}^2 = \mathrm{Ic}_S{}^0$ と見ることができるので，$G_{\mathrm{Do}} = G_{\mathrm{Ic}}$ となる.

この章の目標は，集合 $G_{\mathrm{Te}}, G_{\mathrm{Oc}}, G_{\mathrm{Ic}}$ に属する回転の操作にどのようなものがあるかを列挙することである.

2.2.2 平面上の回転

正多面体の対称性を考える前に，正多角形の対称性を調べておく.

実数 θ に対し，平面上の点 O を中心に図形を θ ラジアンだけ回転させる操作を考える. このとき，

- どちら向きに θ だけ回す回転なのか

を定めておく必要がある. これを定めることを, 平面に **向き** (orientation) を与えると言う. 平面の向きを s で表し, s と逆の向きを $-s$ で表す. 1 つの点を中心とする回転の向きを定めれば, 平行移動により, 他の点を中心とする回転の向きも自動的に定まる.

xy 平面において, x 軸の正の部分を y 軸の正の部分に $\dfrac{\pi}{2}$ だけ回す向きを, **正の向き** と言う. 普通, x 軸の正の部分を右に, y 軸の正の部分を上に描くので, 正の向きのことを **反時計回り** の向きとも言う.

平面 M 上の点 O を中心に図形を s の向きに θ ラジアンだけ回転させる操作を, $R_{M, \mathrm{O}, s}(\theta)$ で表すことにする. M, O, s を固定して考えている文脈では, これを $R(\theta)$ と略記する.

このとき $R(\theta + 2\pi) = R(\theta)$, $R_{M, \mathrm{O}, -s}(\theta) = R_{M, \mathrm{O}, s}(-\theta)$ である.

平面 M 上の点全体の集合を同じく M で表すと, 回転 $R(\theta)$ は M から M への 1 対 1 対応を与える. 特に,

(1) $R(\theta)(\mathrm{O}) = \mathrm{O}$.

(2) 点 O を中心とする円を S とすると, $R(\theta)$ は S を自分自身にぴったり重ねる. すなわち, S から S への 1 対 1 対応を与える.

$e = R(0)$ を **単位元** とよぶ. これは M から M への恒等写像を与える. こういうものにきちんと名前をつけることが大事である.

2.2.3 回転の操作の集合

平面 M 上の点 O を中心とする回転の操作すべての集合を $G_{M, \mathrm{O}}$ あるいは S^1 で表す. S^1 の元は $R(\theta)$ と書ける.

(1) 操作 $R(\theta)$ をおこない, 続いて操作 $R(\theta')$ をすることを $R(\theta') R(\theta)$ で表す. これを操作の **積** とよぶ.

(2) $R(\theta')\,R(\theta) = R(\theta' + \theta) \in S^1$ である．すなわち，集合 S^1 は積について **閉じている**．

(3) **結合則**

$$(R(\theta_1)\,R(\theta_2))\,R(\theta_3) = R(\theta_1)\,(R(\theta_2)\,R(\theta_3))$$

が成り立つ．

(4) **可換則** $R(\theta_1)\,R(\theta_2) = R(\theta_2)\,R(\theta_1)$ が成り立つ．

(5) $e = R(0) \in S^1$ とおくと，任意の $R(\theta) \in S^1$ に対し，

$$e\,R(\theta) = R(\theta), \quad R(\theta)\,e = R(\theta)$$

が成り立つ．

(6) 回転 $R(\theta) \in S^1$ の操作を元にもどす操作を $R(\theta)^{-1}$ で表すと，$R(\theta)^{-1} = R(-\theta)$ であり，

$$R(\theta)^{-1}\,R(\theta) = e, \quad R(\theta)\,R(\theta)^{-1} = e$$

が成り立つ．$R(\theta)^{-1}$ を $R(\theta)$ の **逆** と言う．集合 S^1 は，操作の逆を取ることについて閉じている．

(7) $\rho = R(\theta)$ とおくとき，$\rho^2 = \rho\rho$，$\rho^3 = \rho\rho\rho$ のようにして，正の整数 k に対し，ρ^k を定義する．$\rho^0 = e$ とし，$\rho^{-k} = (\rho^{-1})^k$ と定義する．

(8) 整数 m に対し，$R(\theta)^m = R(m\,\theta) \in S^1$ である．

2.2.4 正多角形の回転

正 n 角形を平面上で回転させて自分自身にぴったり重ねる操作すべての集合を C_n で表すと，

$$C_n = \{R\left(\frac{2\pi}{n}\,k\right) \mid k = 0,\,1,\,\ldots,\,n-1\}$$

である.

$\rho = R\left(\dfrac{2\pi}{n}\right)$ とおき,上で定義した演算を用いると,$\rho^n = e$ であり,

$$C_n = \{e,\, \rho,\, \rho^2,\, \ldots,\, \rho^{k-1}\}$$

と表すことができる.

このとき $C_n \subset S^1$ であり,次が成り立つ.

(1) $e \in C_n$

(2) $a, b \in C_n$ ならば $ab \in C_n$

(3) $a \in C_n$ ならば $a^{-1} \in C_n$

2.2.5 正多角形と鏡映

平面上の直線 l を固定する.平面上の各点 P を,l に関して P と線対称な位置にある点 Q に移す操作を,直線 l に関する **鏡映** (reflection) と言い,T_l で表す.このとき l は線分 PQ の垂直二等分線である.

平面上の点全体の集合を M で表すと,直線 l に関する鏡映 T_l は M から M への 1 対 1 対応を与える.

回転と鏡映の操作の積も考えることができる.これは M から M への写像の合成と見ることができる.

点 $P \in M$ が直線 l 上にあることは,$T_l(\mathrm{P}) = \mathrm{P}$ であることに同値である.

鏡映 T_l を 2 回くりかえすとどの点も元にもどり,操作 e すなわち単位元になる.すなわち,

$$T_l T_l = e$$

が成り立つ.

平面上の点 O を中心とする θ 回転の操作を $R(\theta)$ とする.O を通る直

線 l を θ 回転したものを,

$$R(\theta)(l) = \{R(\theta)(\mathrm{P}) \mid \mathrm{P} \in l\}$$

とおく.

　鏡映 T_l に続いて回転 $R(\theta)$ をおこなうとき, 直線 $m = R(\theta/2)(l)$ 上の点は動かない. よって $R(\theta)T_l$ は m に関する鏡映になる. すなわち,

$$R(\theta)\,T_l = T_m.$$

よって,

$$R(\theta) = T_m\,T_l.$$

すなわち, 回転は 2 つの鏡映の積で表される.

　また, 回転 $R(\theta)$ に続いて鏡映 T_l をおこなうとき, 直線 $m' = R(-\theta/2)(l)$ 上の点は動かない. よって $T_l\,R(\theta)$ は m' に関する鏡映になる. すなわち,

$$T_l\,R(\theta) = T_{m'}.$$

よって,

$$R(\theta)\,T_l\,R(-\theta) = T_{R(\theta/2)(l)}\,R(-\theta) = T_{R(\theta/2)\,R(\theta/2)(l)} = T_{R(\theta)(l)}.$$

　平面 M 上の点 O を固定する回転・鏡映すべての集合を $D = D_{M,\mathrm{O}}$ とすると,

(1) $S^1 \subset D$. 特に, $e \in D$

(2) 操作 $a, b \in D$ に対し, $a\,b \in D$

(3) 操作 $a \in D$ に対し, これを元にもどす操作を a^{-1} で表すと,

$$R(\theta)^{-1} = R(-\theta), \quad T_l^{-1} = T_l$$

　より, $a^{-1} \in D$ である.

　D の元のうち，O を中心とする正 n 角形を自分自身にぴったり重ね合わせる操作全体の集合を D_{2n} とする．点 O と正 n 角形の頂点あるいは辺の中点を通る直線を l とし，

$$\rho = R\left(\frac{2\pi}{n}\right), \quad \tau = T_l$$

とおくと，

$$D_{2n} = \{e, \rho, \ldots, \rho^{n-1}, \rho\tau, \ldots, \rho^{n-1}\tau\}$$
$$= C_n \cup \{g\tau \mid g \in C_n\}$$

と書ける．また次が成り立つ．

  (1) $e \in D_{2n}$
  (2) $a, b \in D_{2n}$ ならば $ab \in D_{2n}$
  (3) $a \in D_{2n}$ ならば $a^{-1} \in D_{2n}$

2.3 正多面体の対称性

2.3.1 立体の回転

　xyz 空間 $W = \mathbb{R}^3$ の原点 O を通る直線 l と，O で l に直交する平面 $M = l^\perp$ を取り，M に向き s を与える．s と逆の向きを $-s$ で表す．

　実数 θ に対し，直線 l を軸として s の向きに立体を θ ラジアンだけ回転させる操作を $R_{l,s}(\theta)$ で表す．$R_{l,s}(\theta + 2\pi) = R_{l,s}(\theta), R_{l,-s}(\theta) = R_{l,s}(-\theta)$ である．

　$e = R_{l,s}(0)$ とおく．これは l, s に依存しない．また $T_l = R_{l,s}(\pi)$ とおく．これは s に依存しない．

　点 $O \in W$ を通る直線を軸とする回転すべての集合を $G_{W,O}$ で表す．

　回転の操作 $R, R' \in G_{W,O}$ に対し，積 RR' を考えることができる．これは，まず回転 R' をして次に回転 R をする操作である．

命題 2.1　(1) $R_{l,s}(\theta)\,R_{l,s}(\theta') = R_{l,s}(\theta+\theta'), \quad T_l\,T_l = e.$

(2) O を通る直線 $l,\,l'$ に対し，$T_l\,T_{l'}$ は，$l,\,l'$ に直交する直線を軸とする回転である．また，任意の回転はこのように表される．

定理 2.1　任意の $R,\,R' \in G_{W,\mathrm{O}}$ に対し，$R\,R' \in G_{W,\mathrm{O}}.$

証明　$R = R_{l,s}(\theta),\ R' = T_{l'}$ の場合に示せばよい．

直線 $l,\,l'$ を含む平面を M とし，l' と M で直交する平面を M' とする．$R_{l,s}(\theta/2)$ によって M' を移した平面を M^+ とする．

直線 $M' \cap M^+$ 上の点 $\mathrm{P}^+ \neq \mathrm{O}$ に対し，$\mathrm{P}^- = T_{l'}(\mathrm{P}^+)$ とおくと，M' が，l を軸，l' を母線とする円錐に l' で接していることから，$R_{l,s}(\theta)(\mathrm{P}^-) = \mathrm{P}^+$ がわかる．したがって，

$$R\,R'(\mathrm{P}^+) = R_{l,s}(\theta)\,T_{l'}(\mathrm{P}^+) = R_{l,s}(\theta)(\mathrm{P}^-) = \mathrm{P}^+.$$

よって，$R\,R'$ は直線 OP^+ を軸とする回転である．　　　　□

2.3.2 正多面体の回転

点 O を中心とする正多面体 $R \subset W$ に対し，R を回転させて自分自身にぴったり重ねる操作すべての集合を G_R で表し，これを **正多面体群** とよぶ．これは $G_{W,\mathrm{O}}$ の部分集合である．正多面体群はこの本のお話の主役になっていくのだが，今はまだ生まれたばかりの赤ちゃんである．

語尾の『群』については次章で説明する．今は桃太郎の『太郎』くらいに思っておいてほしい．

正 4 面体の場合，$G_R = G_{\mathrm{Te}}$ を **正 4 面体群** と言う．その元は，

(1) 向かい合う辺の中点を通る直線を軸とする $\dfrac{1}{2}$ 回転が $6/2 = 3$ 個

(2) 頂点と O を通る直線を軸とする $\pm\dfrac{1}{3}$ 回転が $4 \times 2 = 8$ 個

(3) 単位元 e が 1 個

となり，全部で $|G_{\text{Te}}| = 8 + 3 + 1 = 12$ である．

正 8 面体の場合，$G_R = G_{\text{Oc}}$ を **正 8 面体群** と言う．その元は，

(1) 向かい合う頂点を通る直線を軸とする $\frac{1}{2}$ 回転が $6/2 = 3$ 個

(2) 向かい合う辺の中点を通る直線を軸とする $\frac{1}{2}$ 回転が $12/2 = 6$ 個

(3) 向かい合う面の中心を通る直線を軸とする $\pm\frac{1}{3}$ 回転が $(8/2) \times 2 = 8$ 個

(4) 向かい合う頂点を通る直線を軸とする $\pm\frac{1}{4}$ 回転が $(6/2) \times 2 = 6$ 個

(5) 単位元 e が 1 個

となり，全部で $|G_{\text{Oc}}| = 3 + 6 + 8 + 6 + 1 = 24$ である．

正 20 面体の場合，$G_R = G_{\text{Ic}}$ を **正 20 面体群** と言う．その元は，

(1) 向かい合う辺の中点を通る直線を軸とする $\frac{1}{2}$ 回転が $30/2 = 15$ 個

(2) 向かい合う面の中心を通る直線を軸とする $\pm\frac{1}{3}$ 回転が $(20/2) \times 2 = 20$ 個

(3) 向かい合う頂点を通る直線を軸とする $\pm\frac{1}{5}$ 回転が $(12/2) \times 2 = 12$ 個

(4) 向かい合う頂点を通る直線を軸とする $\pm\frac{2}{5}$ 回転が $(12/2) \times 2 = 12$ 個

(5) 単位元 e が 1 個

となり，全部で $|G_{\text{Ic}}| = 15 + 20 + 12 + 12 + 1 = 60$ である．

$\text{Te}_S \subset \text{Oc}_S$ と見なすとき，$G_{\text{Te}} \subset G_{\text{Oc}}$ となることがわかる．

$\text{Te}_S \subset \text{Ic}_S$ と見なすとき，$G_{\text{Te}} \subset G_{\text{Ic}}$ となることがわかる．

$G_{\mathrm{Oc}} \subset G_{\mathrm{Ic}}$ とはならない．G_{Ic} は $\dfrac{1}{4}$ 回転を含まないからである．

2.3.3 立体の鏡映

xyz 空間 $W = \mathbb{R}^3$ の原点 O を通る平面 M を取る．

空間 W の各点 P を，M に関して P と面対称な位置にある点 Q に移す操作を，平面 M に関する **鏡映** と言い，T_M で表す．M は線分 PQ の中点で PQ と垂直に交わる．これは $T_M T_M = e$ をみたす．

たがいに直交する平面 M_1, M_2 に対し，$T_{M_1} T_{M_2} = T_{M_2} T_{M_1}$ である．

平面 M と直交する直線を l とすると，l を軸とする回転 R と，M に関する鏡映 T_M は，$R T_M = T_M R$ をみたす．

空間 W の各点 P を，O に関して P と点対称な位置にある点 Q に移す操作を，点 O に関する **鏡映** と言い，$C = C_{\mathrm{O}}$ で表す．これは $CC = e$ をみたす．O は線分 PQ の中点である．

任意の回転 $g \in G_{W,\mathrm{O}}$ に対し，$gC = Cg$ である．また，任意の平面に関する鏡映 T に対し，$TC = CT$ である．

空間 W の O を固定する回転と鏡映の操作のいくつかの積を考え，そのすべての集合を $D_{W,\mathrm{O}}$ で表す．

任意の $g \in D_{W,\mathrm{O}}$ に対し，$gC = Cg$ である．

$D_{W,\mathrm{O}}$ の任意の元は，Cg $(g \in G_{W,\mathrm{O}})$ と書ける．

2.3.4 正多面体と鏡映

$D_{W,\mathrm{O}}$ に属する操作のうち，O を中心とする正多面体 R を自分自身にぴったり重ねる操作すべての集合を D_R で表す．

正 4 面体の場合，D_{Te} に属する操作で回転以外のものは，

(1) 1 辺と O を通る平面に関する鏡映が 6 個．

(2) 向かい合う辺の中点を通る直線 l と，l と O で直交する平面 M に対し，l を軸として $\pm\dfrac{1}{4}$ 回転してから鏡映 T_M を施すという操作が $(6/2) \times 2 = 6$ 個．この操作は 4 回で元にもどる．

となり，全部で $6 + 6 = 12$ 個ある．これは $|G_{\mathrm{Te}}|$ に一致する．よって

$$|D_{\mathrm{Te}}| = 2\,|G_{\mathrm{Te}}| = 24.$$

なお，C は D_{Te} に属していない．

正 8 面体の場合，D_{Oc} に属する操作で回転以外のものは，

(1) 向かい合う辺の中点を通る直線に O で直交する平面に関する鏡映が 6 個

(2) 向かい合う頂点を通る直線に O で直交する平面に関する鏡映が 3 個

(3) 向かい合う頂点を通る直線 l と，l と O で直交する平面 M に対し，l を軸として $\pm\dfrac{1}{4}$ 回転してから鏡映 T_M を施すという操作が $3 \times 2 = 6$ 個

(4) 向かい合う面の中点を通る直線 l と，l と O で直交する平面 M に対し，l を軸として $\pm\dfrac{1}{6}$ 回転してから鏡映 T_M を施すという操作が $(8/2) \times 2 = 8$ 個

(5) C が 1 個

となり，全部で $6 + 3 + 6 + 8 + 1 = 24$ 個ある．これは $|G_{\mathrm{Oc}}|$ に一致する．よって

$$|D_{\mathrm{Oc}}| = 2\,|G_{\mathrm{Oc}}| = 48.$$

正 20 面体の場合，D_{Ic} に属する操作で回転以外のものは，

(1) 向かい合う辺を含む平面に関する鏡映が $30/2 = 15$ 個

(2) 向かい合う面の中点を通る直線 l と，l と O で直交する平面 M に対し，l を軸として $\pm\dfrac{1}{6}$ 回転してから鏡映 T_M を施すという操作が $(20/2) \times 2 = 20$ 個

(3) 向かい合う頂点を通る直線 l と，l と O で直交する平面 M に対し，l を軸として $\pm\dfrac{3}{10}$ 回転してから鏡映 T_M を施すという操作が $(12/2) \times 2 = 12$ 個

(4) 向かい合う頂点を通る直線 l と，l と O で直交する平面 M に対し，l を軸として $\pm\dfrac{1}{10}$ 回転してから鏡映 T_M を施すという操作が $(12/2) \times 2 = 12$ 個

(5) C が 1 個

となり，全部で $15 + 20 + 12 + 12 + 1 = 60$ 個ある．これは $|G_{\mathrm{Ic}}|$ に一致する．よって

$$|D_{\mathrm{Ic}}| = 2\,|G_{\mathrm{Ic}}| = 120.$$

正多面体 R に対し，$|D_R|$ は旗の個数 $B(R)$ に一致する．

正 8 面体・正 20 面体の場合，D_R の任意の元は，$C\,g\ (g \in G_R)$ と書ける．

(1) 平面図形で，点 O を中心とする $\dfrac{1}{n}$ 回転で自分自身にぴったり重なるが，線対称ではないものの例を与えよ．

(2) 平面図形で，ある点を中心とする任意の回転で自分自身にぴったり重なるが，線対称ではないものは存在するか？

(3) 正 12 面体に対し，その面の対角線を辺とする立方体はいくつあるか．

略解

(1) N　S　Z　卍 など．

(2) 存在しない．点 O を中心とする任意の回転で自分自身にぴったり重なる図形は，O を中心とする円の和集合なので，O を通る任意の直線に関して線対称になる．

(3) 5つ．1つの面の対角線を選ぶと他の面の対角線は決まってしまう．

3 群

群婆婆「フン，回転というのかい？」
回転「はい」
群婆婆「ぜいたくな名だねえ．今からおまえの名前は元（げん）だ．いいかい，元だよ．わかったら返事をするんだ，げんっ」
元（回転）「は，はいっ」

《**キーワード**》群，正多面体群

3.1 群の定義と例
3.1.1 集合の直積

集合 A, B に対し，A の元と B の元の組

$$(x, y) \quad (x \in A,\ y \in B)$$

全体の集合を $A \times B$ で表し，これを A と B の **直積** と言う．

$(x_1, y_1), (x_2, y_2) \in A \times B$ に対し，$(x_1, y_1) = (x_2, y_2)$ であるとは，

- $x_1 = x_2$ かつ $y_1 = y_2$

であることである．

有限集合 S の元の個数を $|S|$ で表す．有限集合 A, B に対し，$A \times B$ の元の個数は，

$$|A \times B| = |A| \times |B|$$

である．右辺の $\times$ は数のかけ算である．これが，$A \times B$ という記号が用いられる理由であろう．

写像

$$p_1 \colon A \times B \to A, \quad p_1(x, y) = x; \qquad p_2 \colon A \times B \to B, \quad p_2(x, y) = y$$

を **射影** (projection) とよぶ．$A, B \neq \varnothing$ のとき，射影 p_1, p_2 は全射である．

写像 $f \colon X \to Y$ に対し，$X \times Y$ の部分集合

$$\Gamma(f) = \{(x, f(x)) \mid x \in X\}$$

を f **のグラフ** と言う．

集合 $A_1, \ldots, A_n$ に対し，直積 $A_1 \times \cdots \times A_n$ を同様に定めることができる．

3.1.2 群の定義

前章で，平面図形や立体を回転させたり鏡映したりする操作とその集合を考えた．そのとき，

(1) 2つの操作を続けておこなうこと（操作の積）

(2) 何も動かさないという操作（単位元）

(3) ある操作を元にもどす操作（逆）

があった．

この構造を抽象化する．抽象化とは，それまでもっていた名を奪われることである．

定義 3.1 (1) 集合 G の2つの元 a, b に $ab \in G$ を対応させる写像，すなわち直積 $G \times G$ から G への写像を，G 上の **二項演算** と言う．

(2)『任意の $a, b, c \in G$ に対し，$(ab)c = a(bc)$』という条件を，**結合則** (associative law) と言う．

(3)『任意の $a, b \in G$ に対し, $ab = ba$』という条件を, **可換則** (commutative law) と言う.

(4)『任意の $x \in G$ に対し, $ex = x,\quad xe = x$』となる G の元 e を, **単位元** (identity) と言う.

(5) $a \in G$ の **逆元** (inverse) $a^{-1} \in G$ とは, $a^{-1}a = e,\quad aa^{-1} = e$ をみたすもののことである.

定義 3.2 集合 G の 2 つの元 a, b に $ab \in G$ を対応させる二項演算が与えられていて, 次の条件 (群の公理) をみたすとき, G は **群** (group) であると言う.

(1) 結合則が成り立つ.
(2) 単位元が存在する.
(3) G の任意の元 x に対し, x の逆元が存在する.

さらに可換則が成り立つとき, G は **アーベル群** (abelian group, Abel は人名だが小文字) であると言う.

$ab = ba$ のとき, $a, b \in G$ はたがいに **可換** (commutative) であると言う.

結合則より, $(ab)c$ や $a(bc)$ は括弧を略して abc のように書くことができる.

単位元のみからなる集合 $\{e\}$ も群である. これを **自明な** 群とよぶ.

命題 3.1 群 G と $a, x, y \in G$ に対し,

(1) $ax = ay$ ならば $x = y$ である. また, $xa = ya$ ならば $x = y$ である.
(2) $ax = a$ ならば $x = e$ である. また, $xa = a$ ならば $x = e$ である.

38

(3) $xy = e$ ならば，$y = x^{-1}$, $x = y^{-1}$ である.

証明　(1) $ax = ay$ ならば $a^{-1}ax = a^{-1}ay$. よって $x = y$.
$xa = ya$ ならば $xaa^{-1} = yaa^{-1}$. よって $x = y$.
(2), (3) は (1) より従う.　　　　　　　　　　　　　　　□

上の (2), (3) より，単位元の一意性，逆元の一意性が言える.
　有限個の元からなる群を **有限群** (finite group) と言う．その元の個数を群の **位数** (order) と言う.
　集合に群の構造，すなわち『群の公理をみたす二項演算』を入れるとき，これに付随して，『構造に関して閉じている部分集合』を定義する.

定義 3.3　群 G の部分集合 H が G の **部分群** であるとは，次の条件をみたすことである.

(1) $e \in H$
(2) $a \in H$ ならば $a^{-1} \in H$
(3) $a, b \in H$ ならば $ab \in H$

群 G の部分群は，G の演算を引き継いでいる群である.
　群 G の部分群の族 H_α $(\alpha \in I)$ に対し，共通部分 $\displaystyle\bigcap_{\alpha \in I} H_\alpha$ は G の部分群である.

定義 3.4　群 G の部分集合 S に対し，S を含む G のすべての部分群の共通部分を $\langle S \rangle$ で表し，これを S で **生成される** G の部分群と言う．$G = \langle S \rangle$ であるとき，S は G の **生成系** であると言い，G は S で **生成される** と言う.

3.1.3 数の加法の群

整数全体の集合 $\mathbb{Z}$ は，加法を演算とするアーベル群である．単位元は 0 であり，x の逆元は $-x$ である．

整数 n に対し，n の倍数全体の集合 $n\mathbb{Z}$ は $\mathbb{Z}$ の部分群である．

実数全体の集合 $\mathbb{R}$ は，加法を演算とするアーベル群である．$\mathbb{Z}$ は $\mathbb{R}$ の部分群である．

複素数全体の集合 $\mathbb{C}$ は，加法を演算とするアーベル群である．$\mathbb{R}$ は $\mathbb{C}$ の部分群である．

集合 $\mathbb{Z}, \mathbb{R}, \mathbb{C}$ のような，加法を演算とするアーベル群を **加法群** とよぶ．

3.1.4 数の乗法の群

0 でない実数全体の集合 $\mathbb{R}^{\times} = \{x \in \mathbb{R} \mid x \neq 0\}$ は，乗法を演算とするアーベル群である．単位元は 1 であり，x の逆元は $\dfrac{1}{x}$ である．

正の実数全体の集合 $\mathbb{R}_{>0} = (0, \infty)$ は $\mathbb{R}^{\times}$ の部分群である．

集合 $S^0 = \{1, -1\}$ は $\mathbb{R}^{\times}$ の部分群である．

0 でない複素数全体の集合 $\mathbb{C}^{\times} = \{z \in \mathbb{C} \mid z \neq 0\}$ は，乗法を演算とするアーベル群である．単位元は 1 であり，z の逆元は $\dfrac{1}{z}$ である．$\mathbb{R}^{\times}$ は $\mathbb{C}^{\times}$ の部分群である．

絶対値 1 の複素数全体の集合 $S^1 = \{z \in \mathbb{C} \mid |z| = 1\}$ は $\mathbb{C}^{\times}$ の部分群である．S^0 は S^1 の部分群である．

3.1.5 図形の対称性の群

平面 $M = \mathbb{R}^2$ 上の点 O を中心とする回転の操作全体の集合 $S^1 = G_{M,\mathrm{O}}$ はアーベル群である．

点 O を中心とする正 n 角形を平面上で回転させて自分自身にぴったり重ねる操作全体の集合 C_n は S^1 の部分群である．

平面 M 上の点 O を固定する回転と鏡映の操作の積全体の集合 $D =$

$D_{M, \mathrm{O}}$ は群である．S^1 は D の部分群である．

　群 D の元のうち，O を中心とする正 n 角形を自分自身にぴったり重ね合わせる操作全体の集合 D_{2n} は D の部分群である．

　群 C_n は D_{2n} の部分群である．

　空間 $W = \mathbb{R}^3$ 上の点 O を中心とする回転全体の集合 $G_{W, \mathrm{O}}$ は群である．

　正多面体を回転させて自分自身にぴったり重ねる操作全体の集合 G_{Te}, G_{Oc}, G_{Ic} は $G_{W, \mathrm{O}}$ の部分群である．これらをそれぞれ，**正 4 面体群**，**正 8 面体群**，**正 20 面体群** と言い，総称して **正多面体群** と言う．

　空間 W 上の O を固定する回転と鏡映の操作の積全体の集合 $D_{W, \mathrm{O}}$ は群である．$G_{W, \mathrm{O}}$ は $D_{W, \mathrm{O}}$ の部分群である．

　正多面体に回転または鏡映を施して自分自身にぴったり重ねる操作全体の集合 D_{Te}, D_{Oc}, D_{Ic} は $D_{W, \mathrm{O}}$ の部分群である．

　G_{Te}, G_{Oc}, G_{Ic} はそれぞれ D_{Te}, D_{Oc}, D_{Ic} の部分群である．

　G_{Te} は G_{Oc}, G_{Ic} の部分群と見なすことができる．

3.1.6 群の直積

定義 3.5　群 G_1, G_2 に対し，直積 $G_1 \times G_2$ 上に，演算

$$(x_1, x_2)(y_1, y_2) = (x_1 y_1, x_2 y_2)$$

を入れると，$G_1 \times G_2$ は群になる．G_1, G_2 の単位元をそれぞれ e_1, e_2 とすると，$G_1 \times G_2$ の単位元は (e_1, e_2) である．

3.2 合同式と巡回群

3.2.1 $\mathbb{Z}$ の部分群と合同式

　合同式 は本書全体を通じて重要な役割を果たす．

整数 m の倍数全体の集合 $m\mathbb{Z}$ は加法群 $\mathbb{Z}$ の部分群である.

特に, $0\mathbb{Z} = \{0\}$, $1\mathbb{Z} = (-1)\mathbb{Z} = \mathbb{Z}$ である.

整数 m に対し, $(-m)\mathbb{Z} = m\mathbb{Z}$ である.

整数 m, n に対し, m が n の倍数であることを, $n \mid m$ で表す.

条件 $n \mid m$ は $n\mathbb{Z} \supset m\mathbb{Z}$ に同値である. つまり, 集合の間の包含関係と見ることができる.

整数 $m, n \in \mathbb{Z}$ に対し, $m\mathbb{Z} = n\mathbb{Z}$ ならば, $m = \pm n$ である.

定義 3.6 整数 m と x, y に対し, $m \mid x - y$ であることを,

$$x \equiv y \mod m$$

で表す. これを, m **を法とする合同式** と言う.

合同式は **同値関係** である. すなわち,

(1) (反射律) $x \equiv x \mod m$
(2) (対称律) $x \equiv y \mod m$ ならば, $y \equiv x \mod m$
(3) (推移律) $x \equiv y \mod m$, $y \equiv z \mod m$ ならば, $x \equiv z \mod m$

が成り立つ.

これらは,

(1) $x - x \in m\mathbb{Z}$
(2) $x - y \in m\mathbb{Z}$ ならば $-(x - y) \in m\mathbb{Z}$
(3) $x - y \in m\mathbb{Z}$, $y - z \in m\mathbb{Z}$ ならば $(x - y) + (y - z) \in m\mathbb{Z}$

から導かれる. すなわち, $m\mathbb{Z}$ が $\mathbb{Z}$ の部分群であることから導かれる.

定理 3.1 加法群 $\mathbb{Z}$ の任意の部分群は, 整数 $m \geq 0$ により, $m\mathbb{Z}$ と表される.

証明　H を $\mathbb{Z}$ の部分群とする.

$H = \{0\}$ の場合, $H = 0\mathbb{Z}$ である.

$H \neq \{0\}$ とする.

$x \in H$ ならば $-x \in H$ である. よって, H は正の整数を含む. そのうち最小のものを m とする. このとき, $m\mathbb{Z} \subset H$ である.

そこで, $H \neq m\mathbb{Z}$ と仮定して矛盾を導く.

$x \in H,\, x \notin m\mathbb{Z}$ とする. このとき, $y \in m\mathbb{Z}$ が存在して, $0 < x - y < m$ となる.

このとき, $x - y \in H$ である. よって m の最小性より, $x - y \in m\mathbb{Z}$ でなければならない. よって $x \in m\mathbb{Z}$ となって, これは x の取り方に矛盾する.

以上により, $H = m\mathbb{Z}$ が言えた.　　　　　　　　　　　　□

3.2.2 商と剰余

定理 3.2（割り算定理）　整数 $m \geq 2$ と $x \in \mathbb{Z}$ に対し,

$$x = mq + r, \quad 0 \leq r < m$$

となる整数 $q, r \in \mathbb{Z}$ がただ一つ存在する.

証明　$0 \leq x < m$ のとき, $q = 0,\, r = x$ が条件をみたす唯一のものである.

$x \geq m$ のとき, x から m を何回か引くと, $0 \leq r < m$ になる.

$x < 0$ のとき, x に m を何回か足すと, $0 \leq r < m$ になる.　　　□

q を, x **を** m **で割った商** (quotient) と言い, r を **剰余**（余り, residue）と言う.

合同式 $x \equiv y \mod m$ は,

- x を m で割った余りが y を m で割った余りに等しい

ということに他ならない.

3.2.3 巡回群

まずはもっとも簡単な群を調べる.

群 G と $a \in G$ に対し, $a^0 = e$ と定義する. 正の整数 n に対し, 帰納的に $a^n = a^{n-1}a$ と定義する. 特に, $a^1 = a$ である. そして, $a^{-n} = (a^{-1})^n$ と定義する.

こうして, $a \in G$ と任意の整数 n に対し, a^n が定義される.

群 G と $a \in G$ に対し, $a^n = e$ となる最小の正の整数 n を a の **位数** と言う. $a^n = e$ となる正の整数が存在しないとき, a の位数は ∞ であると言う.

群 G と $a \in G$ に対し,

$$\langle a \rangle = \{a^n \mid n \in \mathbb{Z}\}$$

とおくと, これは G の部分群である. a を含む任意の部分群は $\langle a \rangle$ を含む. よって $\langle a \rangle$ は a で生成される 部分群である.

a の位数が n であるとき,

$$\langle a \rangle = \{a^k \mid k = 0, 1, \ldots, n-1\} = \{e, a, a^2, \ldots, a^{n-1}\}$$

である. よって群 $\langle a \rangle$ の位数は n である.

定義 3.7 $G = \langle a \rangle$ であるとき, G は a で生成される **巡回群** (cyclic group) であると言い, a を G の **生成元** (generator) と言う.

巡回群はアーベル群である.

巡回群の部分群は巡回群である.

加法群 $\mathbb{Z}$ は 1 で生成される巡回群であり，また -1 で生成される巡回群である．

加法群 $\mathbb{Z}$ の部分群 $m\mathbb{Z}$ は，m で生成される巡回群であり，また $-m$ で生成される巡回群である．

点 O を中心とする正 n 角形を平面上で回転させて自分自身にぴったり重ねる操作全体の集合 C_n は，位数 n の巡回群である．

位数 n の巡回群 G が $a \in G$ で生成されるとき，整数 x, y に対し，$a^x = a^y$ であることは $x \equiv y \mod n$ に同値である．

位数 n の巡回群 G が $a \in G$ で生成されるとき，整数 k に対し，G が a^k で生成されることは，k が n とたがいに素であることに同値である．

位数が素数である群は，巡回群である．

3.2.4 1 のべき根

正の整数 n に対し，$z^n = 1$ をみたす複素数 z を，**1 の n 乗根**，あるいは **1 のべき根** (root of unity) と言う．

1 の n 乗根は，

$$\mathrm{e}^{i\theta} = \cos\theta + i\sin\theta, \quad (\theta = \frac{2\pi k}{n}, \quad k = 0, 1, \ldots, n-1)$$

で与えられる．オイラーの等式を用いて書いた．

1 の n 乗根全体の集合を Z_n とおくと，Z_n は群 $S^1 \subset \mathbb{C}^\times$ の部分群である．

Z_n は位数 n の巡回群である．

3.3 置換と符号

3.3.1 置換

定義 3.8 (1) $1, 2, \ldots, n$ を並べかえたもの $\sigma = (\sigma(1), \sigma(2), \ldots, \sigma(n))$ を n **次の置換** (permutation) と言い，n 次の置換すべての集合を

S_n で表す.

(2) $\sigma, \tau \in S_n$ に対し, 積 $\sigma\tau \in S_n$ を

$$\sigma\tau = (\sigma(\tau(1)), \sigma(\tau(2)), \ldots, \sigma(\tau(n)))$$

で定義する.

(3) $e = (1, 2, \ldots, n)$ とおく.

(4) $\sigma \in S_n$ に対し, $\sigma^{-1} = (\sigma^{-1}(1), \sigma^{-1}(2), \ldots, \sigma^{-1}(n)) \in S_n$ を,

$$\sigma(i) = j \quad \Longleftrightarrow \quad \sigma^{-1}(j) = i$$

で定義する.

このとき次が成立する.

命題 3.2　(1) 任意の $\sigma_1, \sigma_2, \sigma_3 \in S_n$ に対し, $\sigma_1(\sigma_2\sigma_3) = (\sigma_1\sigma_2)\sigma_3$.

(2) 任意の $\sigma \in S_n$ に対し, $\sigma e = \sigma$, $e\sigma = \sigma$.

(3) 任意の $\sigma \in S_n$ に対し, $\sigma^{-1}\sigma = e$, $\sigma\sigma^{-1} = e$.

すなわち S_n は群である. これを n **次対称群** (symmetric group) と言う. 単位元は $e = (1, 2, \ldots, n)$ である. S_n の位数は $n!$ である.

定義 3.9　(1) 相異なる $i, j \in \{1, 2, \ldots, n\}$ に対し, 置換 $\tau = (i \quad j) \in S_n$ を,

$$\tau(i) = j, \quad \tau(j) = i, \quad \tau(k) = k \ (k \neq i, j)$$

で定義し, これを **互換** (transposition) と言う.

(2) 相異なる $i_1, i_2, \ldots, i_k \in \{1, 2, \ldots, n\}$ に対し, 帰納的に,

$$(i_1 \quad i_2 \quad \cdots \quad i_k) = (i_1 \quad i_2)(i_2 \quad i_3 \quad \cdots \quad i_k)$$

と定義し, これを k 次の **巡回置換** (cyclic permutation) と言う.

たとえば, 3 次の巡回置換 $(1\ \ 2\ \ 3) = (1\ \ 2)(2\ \ 3)$ を σ とおくと,

$$\sigma(1) = 2, \quad \sigma(2) = 3, \quad \sigma(3) = 1, \quad \sigma(j) = j \quad (j \neq 1, 2, 3)$$

となっている.

互換は 2 次の巡回置換である.

$X = \{1, 2, \ldots, n\}$ とおき, 置換 $\sigma \in S_n$ に対し,

$$X^\sigma = \{x \in X \mid \sigma(x) = x\}$$

とする.

置換 $\sigma, \tau \in S_n$ に対し, $X^\sigma \cup X^\tau = X$ であるとき, σ, τ は **たがいに素** (disjoint) であると言う.

命題 3.3 (1) 任意の置換は, たがいに素な巡回置換の積で書ける.

(2) 任意の置換は互換の積で書ける.

置換を互換の積で表示する仕方は一意的ではない. しかし, 互換の個数の偶奇は置換によって定まっている. これを示すために, 置換の **符号** を導入する.

3.3.2 ガウス写像と符号

定義 3.10 (1) 写像 $G\colon \mathbb{R} \times \mathbb{R} \setminus \{(0, 0)\} \to S^0 = \{1, -1\}$ を $G(x, x') = \dfrac{x' - x}{|x' - x|}$ で定め, これを **ガウス** (Gauss) **写像** とよぶ.

(2) $i, j \in \{1, 2, \ldots, n\}$, $i \neq j$ とする. 置換 $\sigma \in S_n$ に対し, $\mathrm{sgn}_{i,j}(\sigma) \in \{1, -1\}$ を,

- i, j の大小と $\sigma(i), \sigma(j)$ の大小が同じならば, $\mathrm{sgn}_{i,j}(\sigma) = 1$
- i, j の大小と $\sigma(i), \sigma(j)$ の大小が逆ならば, $\mathrm{sgn}_{i,j}(\sigma) = -1$

という規則によって定義する.

補題 3.4 (1) $\mathrm{sgn}_{i,j}(\sigma) = \mathrm{sgn}_{j,i}(\sigma)$.

(2) $\mathrm{sgn}_{i,j}(\sigma) = G(\sigma(i),\sigma(j))\,G(i,j)$.

(3) 互換 $\tau = (i\ \ j)$ に対し, $\mathrm{sgn}_{i,j}(\tau) = -1$.

(4) 置換 $\sigma,\tau \in S_n$ に対し, $\mathrm{sgn}_{i,j}(\sigma\tau) = \mathrm{sgn}_{\tau(i),\tau(j)}(\sigma)\,\mathrm{sgn}_{i,j}(\tau)$.

定義 3.11 (1) 置換 $\sigma \in S_n$ に対し,

$$\mathrm{sgn}(\sigma) = \prod_{1 \le i < j \le n} \mathrm{sgn}_{i,j}(\sigma) \in \{1,-1\}$$

とおき, これを σ の **符号** (signature) と言う.

(2) 符号が 1 である置換を **偶置換** と言い, 符号が -1 である置換を **奇置換** と言う.

(3) S_n に属する偶置換すべての集合を A_n で表す.

定理 3.3 (1) $\mathrm{sgn}(\sigma\tau) = \mathrm{sgn}(\sigma)\,\mathrm{sgn}(\tau)$.

(2) $\mathrm{sgn}(e) = 1$.

(3) $\mathrm{sgn}(\sigma^{-1}) = \mathrm{sgn}(\sigma)$.

(4) 互換 $\tau = (i\ \ j)$ に対し, $\mathrm{sgn}(i\ \ j) = -1$.

(5) 置換 σ が互換 $\tau_1,\dots,\tau_k$ の積 $\tau_1\cdots\tau_k$ と書けるとき, $\mathrm{sgn}(\sigma) = (-1)^k$.

(6) 偶数個の互換の積で書ける置換は偶置換であり, 奇数個の互換の積で書ける置換は奇置換である.

(7) A_n は S_n の部分群である. 位数は $(n!)/2$ である.

定義 3.12 A_n を n **次交代群** と言う.

(1) 群 G の元 e' が任意の $a \in G$ に対し $e'a = a$, $ae' = a$ をみたすならば，e' は単位元に一致することを示せ.

(2) 群 G の元 a に対し，a の逆元は一意的であることを示せ.

(3) 置換 $(12)(34)$, $(123)(45)$ の位数をそれぞれ求めよ.

(4) 置換 $(1\ 2\ 3\ 4\ 5)$ を互換の積で表せ.

(5) 置換 $(1\ 2\ 3\ 4\ 5)$ を 3 次巡回置換の積で表せ.

(6) A_4 の部分群 $V = \{e, (12)(34), (13)(24), (14)(23)\}$ に対し，V の部分群をすべて求めよ.

略解

(1) $e' = e'e = e$.

(2) $xa = e$, $ay = e$ とすると，$x = x\,(ay) = (x\,a)\,y = y$.

(3) 2, 6.

(4) たとえば，$(1\ 2\ 3\ 4\ 5) = (1\ 2)(2\ 3)(3\ 4)(4\ 5) = (1\ 5)(1\ 4)(1\ 3)(1\ 2)$.

(5) たとえば，$(1\ 2\ 3\ 4\ 5) = (1\ 2\ 3)(3\ 4\ 5) = (1\ 4\ 5)(1\ 2\ 3)$.

(6) $\{e\}$, V, $\{e, (12)(34)\}$, $\{e, (13)(24)\}$, $\{e, (14)(23)\}$.

4 | 比と余り

図形の合同や対称性だけでなく，比や余りのような算数の中にも，同値関係
と群が隠れている．集合上の同値関係に対し，同値類という部分集合が定ま
る．それをすべて集めて商集合をつくる．

《キーワード》比，余り，同値関係，同値類，商集合，部分群，剰余類，剰余群

4.1 比と同値類

4.1.1 比

図形の合同や対称性という，子どもの頃から親しんでいる事柄の中に，
同値関係 や **群** という概念が潜んでいることを見てきた．

ここでは，比や余りといった，数や量についての初等的な事柄の中に
も，同値関係や群が隠れていることを見ていく．彼らは名乗ることなく，
子どもたちの成長を見守っていたのである．

実数の組 (ξ_0, ξ_1), $(\eta_0, \eta_1) \neq (0, 0)$ に対し，ξ_0, ξ_1 **の比と** η_0, η_1 **の比
が等しい** とは，$\xi_0 \eta_1 = \xi_1 \eta_0$ であることである．この条件は，

- $c \in \mathbb{R}^\times$ が存在して，$\eta_0 = c\xi_0$, $\eta_1 = c\xi_1$ となること

に同値である．

この条件を $(\xi_0, \xi_1) \sim (\eta_0, \eta_1)$ で表す．集合 $\mathbb{R}^2 \setminus \{(0, 0)\}$ の2つの元
の間の関係 $\sim$ は **同値関係** である．すなわち，次をみたす．

(1) (反射律) $(\xi_0, \xi_1) \sim (\xi_0, \xi_1)$
(2) (対称律) $(\xi_0, \xi_1) \sim (\eta_0, \eta_1)$ ならば $(\eta_0, \eta_1) \sim (\xi_0, \xi_1)$

(3) (推移律) $(\xi_0, \xi_1) \sim (\eta_0, \eta_1)$ かつ $(\eta_0, \eta_1) \sim (\theta_0, \theta_1)$ ならば,
  $(\xi_0, \xi_1) \sim (\theta_0, \theta_1)$

この関係が同値関係であるのは, $\mathbb{R}^\times$ が群であることに直結している. 反射律は単位元の存在に, 対称律は逆元の存在に, 推移律は, $\mathbb{R}^\times$ が乗法について閉じていることに対応している.

ξ_0, ξ_1 の比と η_0, η_1 の比が等しいこと, すなわち $(\xi_0, \xi_1) \sim (\eta_0, \eta_1)$ であることを,

$$[\xi_0 : \xi_1] = [\eta_0 : \eta_1]$$

と書いてみよう.

4.1.2 比と射影直線

2つの実数の組 $(\xi_0, \xi_1) \neq (0, 0)$ に対し, xy 平面上の原点を通る直線 $\xi_0 y = \xi_1 x$ を対応させる. この直線は比 $[\xi_0 : \xi_1]$ で決まっている.

この対応により, 比 $[\xi_0 : \xi_1]$ 全体の集合から, xy 平面上の原点を通る直線全体の集合への 1 対 1 対応が与えられる.

平面上の 1 点を通る直線全体の集合を **射影直線** (projective line), より詳しくは **実射影直線** と言い, この集合を $\mathrm{P}^1(\mathbb{R})$ で表す. これは本書において中心的な役割を果たす幾何学的概念である.

4.1.3 同値関係と同値類

集合 X の2つの元の間の **同値関係** $\sim$ が与えられているとする. すなわち, 次が成り立つとする.

(1) (反射律) $x \sim x$
(2) (対称律) $x \sim y$ ならば $y \sim x$
(3) (推移律) $x \sim y$ かつ $y \sim z$ ならば, $x \sim z$

定義 4.1　(1) $C \subset X$ が同値関係 $\sim$ に関する **同値類** (equivalence class) であるとは，次をみたすことである.

　　(a) $C \neq \varnothing$

　　(b) $x, y \in C$ ならば $x \sim y$

　　(c) $x \in C, y \in X, x \sim y$ ならば，$y \in C$

　(2) 同値類 C の元を C の **代表元** と言う.

$a \in X$ に対し，$[a] = \{x \in X \mid x \sim a\}$ とおく.

補題 4.1　(1) $a \in [a]$

　(2) $[a]$ は同値類である.

　(3) 同値類 C と $a \in C$ に対し，$C = [a]$

　(4) 同値類 C, C' に対し，$C = C'$ か $C \cap C' = \varnothing$ かのいずれかが成り立つ.

証明　(1) $a \sim a$ より，$a \in [a]$ が言える.

(2) (a) $a \in [a]$ より，$[a] \neq \varnothing$ が言える.

　(b) $x, y \in [a]$ ならば，$x \sim a, y \sim a$ より $x \sim y$ が言える.

　(c) $x \in [a]$ かつ $x \sim y$ ならば，$x \sim a$ より $y \sim a$ が言える. よって $y \in [a]$ である.

　以上により，$[a]$ が同値類であることが言えた.

(3) $x \in C$ に対し，(b) より $x \sim a$. よって $x \in [a]$ である. したがって，$C \subset [a]$ が言える.

　$x \in [a]$ に対し，$x \sim a$ である. よって (c) より $x \in C$ である. したがって，$[a] \subset C$ が言える.

(4) $a \in C \cap C'$ とすると，(3) より，$C = [a] = C'$. 　　　　□

　同値類をすべて集めて新しく集合をつくる.

定義 4.2 (1) 同値関係 $\sim$ に関する同値類全体の集合を **商集合** (quotient) と言い，$X/\sim$ で表す.

(2) 集合 X の元 x に，x の属する同値類 $[x]$ を対応させると，X から商集合 $X/\sim$ への写像 $p\colon X \to X/\sim$ が得られる．これを **射影** とよぶ．この写像は全射である.

(3) X の部分集合 S で，射影によって S から商集合 $X/\sim$ への 1 対 1 対応が得られるものを，**代表系** と言う.

同値関係によって，集合 X は同値類に分割（クラス分け）される．すなわち，

(1) $X = \displaystyle\bigcup_{C\in X/\sim} C.$

(2) 任意の $C \in X/\sim$ に対し，$C \neq \varnothing$.

(3) 任意の相異なる $C, C' \in X/\sim$ に対し，$C \cap C' = \varnothing$.

最初に，$X = \mathbb{R}^2 \setminus \{(0,0)\}$ 上の同値関係 $\sim$ を考えた．このとき，比の集合 $\mathrm{P}^1(\mathbb{R})$ は商集合 $X/\sim$ として構成される．すなわち，比 $[\xi_0 : \xi_1]$ とは，(ξ_0, ξ_1) の属する同値類

$$\{(\eta_0, \eta_1) \in X \mid \eta_0\,\xi_1 = \eta_1\,\xi_0\} = \{(c\,\xi_0,\ c\,\xi_1) \mid c \in \mathbb{R}^\times\}$$

を指すものと解釈される.

4.2 部分群と剰余類

4.2.1 比と余り

2 つの量 $A_0, A_1 > 0$ の比は，**ユークリッド** (Euclid) **の互除法** によって求められる．これは次のような操作である.

(1) $A_0 > A_1$ とする．A_0 から A_1 をくりかえし引けるだけ引く.

(2) q_0 回引いて，

  (a) ちょうどなくなったら終わり．

  (b) 余り $0 < A_2 < A_1$ が残った場合，A_0 を A_1 で割った余りが A_2 になっている．すなわち，

$$A_0 - q_0\,A_1 = A_2, \quad 0 < \frac{A_0}{A_1} - q_0 = \frac{A_2}{A_1} < 1$$

  が成り立つ．

(3) 次に A_1 から A_2 をくりかえし引けるだけ引く．

(4) q_1 回引いて，

  (a) ちょうどなくなったら終わり．

  (b) 余り $0 < A_3 < A_2$ が残った場合，

$$A_1 - q_1\,A_2 = A_3, \quad 0 < \frac{A_1}{A_2} - q_1 = \frac{A_3}{A_2} < 1$$

  が成り立つ．

(5) 次に A_2 から A_3 をくりかえし引けるだけ引く．

(6) q_2 回引いて，

  (a) ちょうどなくなったら終わり．

  (b) 余り $0 < A_4 < A_3$ が残った場合，

$$A_2 - q_2\,A_3 = A_4, \quad 0 < \frac{A_2}{A_3} - q_2 = \frac{A_4}{A_3} < 1$$

  が成り立つ．

(7) 同様の操作を，$A_N = q_N\,A_{N+1}$ となるまで続ける．

(8) 大きい方から小さい方を何回ずつ引けたかというデータ $q_0, q_1, q_2, \ldots,$ q_N から，最初の量の比 $A_0 : A_1$ がわかる．

量 A_0, A_1 の比が無理数の場合，この操作はいつまでも終わらない．有理数 $\dfrac{A_0}{A_1}$ を $q_0, q_1, q_2, \ldots, q_N$ で表した式が，**連分数** である．

(1) $N = 0$ のとき，$\dfrac{A_0}{A_1} = q_0$.

(2) $N = 1$ のとき，$\dfrac{A_0}{A_1} = q_0 + \dfrac{1}{q_1}$.

(3) $N = 2$ のとき，$\dfrac{A_0}{A_1} = q_0 + \dfrac{1}{q_1 + \frac{1}{q_2}}$.

ここで，$x_n = \dfrac{A_n}{A_{n+1}}$ とおくと，

$$x_n > 1, \quad 0 < x_n - q_n < 1, \quad x_{n+1} = \frac{1}{x_n - q_n} \quad (n < N)$$

および $x_N = q_N$ が成り立っている.

4.2.2 合同式と剰余類

整数を正の整数で割った **余り** も，同値関係の同値類として理解することができる.

定理 3.1 より，加法群 $\mathbb{Z}$ の部分群 H は，整数 $m \geq 0$ により，$H = m\mathbb{Z}$ と表される. ここでは，$m \geq 2$ の場合を考える.

整数 x, y に対し，$x - y \in H$ という条件を，合同式

$$x \equiv y \mod m$$

で表すのであった. これが同値関係であることも既に述べた. この関係は，

* x を m で割った余りが，y を m で割った余りに等しい

ということに他ならない.

整数 a を含む同値類は，

$$\{a + y \mid y \in H\} = \{a + mx \mid x \in \mathbb{Z}\}$$

である. この集合を $a + H = a + m\mathbb{Z}$ で表し，a を含む m を法とする

剰余類 (residue class) とよぶ. 特に, $0 + H = H$ である. また, 写像

$$H \to a + H, \quad x \mapsto a + x$$

は 1 対 1 対応である.

　今の場合, 同値類は全部で m 個ある. それは,

$$k + H \quad (k = 0, 1, \ldots, m - 1)$$

で与えられる. 商集合, すなわち剰余類全体の集合を $\mathbb{Z}/m\mathbb{Z}$ で表す. $\mathbb{Z}$ の部分集合

$$\{0, 1, 2, \ldots, m - 1\},$$

は代表系である. これは m で割った余りの集合である. これを $\mathbb{Z}/m\mathbb{Z}$ と同一視することも多い.

　剰余類全体の集合 $\mathbb{Z}/m\mathbb{Z}$ は, アーベル群の構造をもつ. このことを, 証明は同じなので, より一般化した形で見ていこう.

4.2.3 アーベル群の部分群と剰余類・剰余群

　G をアーベル群とし, その演算を加法 $+$ で表す. また, H を G の部分群とする.

　$x, y \in G$ に対し, $x - y \in H$ という条件を, 合同式

$$x \equiv y \mod H$$

で表す. これは同値関係である.

　$a \in G$ を含む同値類は,

$$\{a + y \mid y \in H\}$$

である. この集合を $a + H$ で表し, a を含む H を法とする **剰余類** と言う. 特に, $0 + H = H$ である. また, 写像

$$H \to a + H, \quad x \mapsto a + x$$

は1対1対応である.

商集合, すなわち同値類全体の集合を G/H で表す. $x \in G$ に x の属する剰余類 $x + H \in G/H$ を対応させる写像を **射影** とよぶ.

合同式 $x \equiv y \mod H$ は, G/H における等式 $x + H = y + H$ と見ることができる. これは $x - y \in H$ と同値である.

補題4.2 加法群 G とその部分群 H, および $a, x, x' \in G$ に対し, $x + H = x' + H$ ならば, $(a + x) + H = (a + x') + H$.

証明 $(a + x) - (a + x') = x - x' \in H$ より. □

定理4.1 加法群 G とその部分群 H において,

(1) $a, a', b, b' \in G$ に対し, $a + H = a' + H$, $b + H = b' + H$ ならば,

$$(a + b) + H = (a' + b') + H.$$

(2) $(a + H) + (b + H) = (a + b) + H$ により, 商集合 G/H 上に演算 $+$ が **無事に定義される** (well-defined). この演算に関し, G/H はアーベル群になる. 単位元は H である. $x + H$ の逆元は $(-x) + H$ である.

証明 (1) $(a + b) + H = (a + b') + H = (a' + b') + H$.
(2) の証明は略す. □

アーベル群 G/H を, G の H による **剰余群** あるいは **商群** と言う.

例 4.3 整数 $m \geq 2$ に対し，剰余群 $\mathbb{Z}/m\mathbb{Z}$ は位数 m の巡回群である.

4.2.4 部分群と剰余類

より一般の場合を考える．G を群とし，H を G の部分群とする．$a \in G$ に対し，

$$Ha = \{xa \mid x \in H\}, \quad aH = \{ax \mid x \in H\}$$

とおく．これに対し，

(1) $Hb = Ha \iff b \in Ha \iff ba^{-1} \in H$
(2) $bH = aH \iff b \in aH \iff a^{-1}b \in H$

が成り立つ．さらに，

(1) a, b に対する条件 $Ha = Hb$ は同値関係であり，a を含む同値類は Ha である．この同値関係に対する商集合を $H\backslash G$ で表す．$a \in G$ に $Ha \in H\backslash G$ を対応させる写像 $p\colon G \to H\backslash G$ を **射影** とよぶ.
(2) a, b に対する条件 $aH = bH$ は同値関係であり，a を含む同値類は aH である．この同値関係に対する商集合を G/H で表す．$a \in G$ に $aH \in G/H$ を対応させる写像 $p\colon G \to G/H$ を **射影** とよぶ.

また，

(1) 写像 $H \to Ha, \quad x \mapsto xa$ は 1 対 1 対応である.
(2) 写像 $H \to aH, \quad x \mapsto ax$ は 1 対 1 対応である.

群 G の部分集合 Ha を **右剰余類** と言い，aH を **左剰余類** と言う．逆のよび方をする文献も見たことがある.

1 対 1 対応 $G \to G, x \mapsto x^{-1}$ により，左剰余類 aH から右剰余類

$H\,a^{-1}$ への1対1対応が与えられる。これにより，G/H から $H\backslash G$ への1対1対応が与えられる。

定義 4.3　群 G の部分群 H に対し，G/H が有限集合であるとき，その元の個数 $|G/H|$ を H の **指数** と言う。

定理 4.2（ラグランジュ，Lagrange）　有限群 G とその部分群 H に対し，

$$|G/H| = |H\backslash G| = \frac{|G|}{|H|}$$

が成り立つ。特に，H の位数，および指数は G の位数の約数である。

証明　G は左剰余類 aH によって分割される。aH と H の間の1対1対応があるので，aH の元の個数はすべて同じである。右剰余類についても同様である。　　　　　□

系 4.4　有限群 G と $a \in G$ に対し，a の位数は G の位数の約数である。

証明　a の位数を n とすると，$\{e, a, a^2, \ldots, a^{n-1}\}$ は G の部分群である。よって定理 4.2 より，n は G の位数の約数である。　　　□

次の補題を後で用いる。

補題 4.5　群 G とその部分群 H に対し，$a, x, x' \in G$ とすると，
- $xH = x'H$ ならば，$(a\,x)\,H = (a\,x')\,H$。
- $Hx = Hx'$ ならば，$H\,(x\,a) = H\,(x'\,a)$。

したがって，$a \in G$ に対し，写像 $L_a : G/H \to G/H$, $R_a : H\backslash G \to H\backslash G$ が，

$$L_a(xH) = (a\,x)\,H, \quad R_a(Hx) = H\,(x\,a)$$

によって無事に定義される (well-defined). さらに,

(1) $a, b \in G$ に対し, $L_{ab} = L_a \circ L_b$, $R_{ab} = R_b \circ R_a$.

(2) L_e, R_e は恒等写像.

(3) $L_{a^{-1}} = (L_a)^{-1}$, $R_{a^{-1}} = (R_a)^{-1}$.

演習問題

(1) 次の $x \geq 1$ に対し,

$$x_0 = x, \quad 0 < x_n - q_n \leq 1, \quad x_{n+1} = \frac{1}{x_n - q_n}$$

をみたす実数の列 $x_0, x_1, x_2, \cdots \geq 1$ と整数の列 $q_0, q_1, q_2, \cdots \geq 0$ を求めよ.

   (a) $x = 1$

   (b) $x = \dfrac{37}{11}$

   (c) $x = \sqrt{2} + 1$

(2) $G = S_3$, $H = \{e, (12)\}$ に対し, G/H と $H\backslash G$ を求めよ.

(3) $G = S_3$, $H = \{e, (123), (132)\}$ に対し, G/H と $H\backslash G$ を求めよ.

略解

(1) (a) $x_n = 1$, $q_n = 0$.

   (b) $x_0 = \dfrac{37}{11}$, $q_0 = 3$, $x_1 = \dfrac{11}{4}$, $q_1 = 2$, $x_2 = \dfrac{4}{3}$, $q_2 = 1$, $x_3 = 3$, $q_3 = 2$, $x_n = 1$, $q_n = 0$ $(n \geq 4)$.

   (c) $x_n = \sqrt{2} + 1$, $q_n = 2$.

(2) G/H の元は,

$$H, \quad (13)H = \{(13), (123)\}, \quad (23)H = \{(23), (132)\}.$$

60

$H \backslash G$ の元は,

$$H, \quad H(13) = \{(13),\, (132)\}, \quad H(23) = \{(23),\, (123)\}.$$

(3) $G/H = H \backslash G$ であり, その元は,

$$H, \quad (12)\, H = H\, (12) = \{(12),\, (13),\, (23)\}.$$

5 │ 準同型と正規部分群

「あの図形とこの図形の対称性が同じ」ということを意味のぶれのない仕方で記述するのが，群の同型の概念である．同型の概念は，より広い概念である準同型の一種として位置づけられる．

《**キーワード**》準同型，同型，正規部分群，剰余群

5.1 群の準同型と同型

5.1.1 写像と部分集合

写像 $f\colon X \to Y$ と $A \subset X,\, B \subset Y,\, b \in Y$ に対し，

$$f(A) = \{f(x) \mid x \in A\},$$
$$f^{-1}(B) = \{x \in X \mid f(x) \in B\}.$$
$$f^{-1}(b) = \{x \in X \mid f(x) = b\}$$

とおく．この定義では $f^{-1}(b)$ は X の部分集合だが，f の逆写像 f^{-1} が存在する場合，$f^{-1}(b)$ は A の元を表す記号でもある．本当は良くないことだが，慣用されている．

5.1.2 群の準同型

定義 5.1 群 G_1 から群 G_2 への写像 $\varphi\colon G_1 \to G_2$ が **準同型** (homomorphism) であるとは，

- 任意の $x, y \in G_1$ に対し，$\varphi(xy) = \varphi(x)\varphi(y)$

が成り立つことである．

命題 5.1 群の準同型 $\varphi\colon G_1 \to G_2$ に対し,

(1) G_j の単位元を e_j $(j = 1, 2)$ とすると, $\varphi(e_1) = e_2$.

(2) $\varphi(x^{-1}) = \varphi(x)^{-1}$.

証明 (1) $x \in G_1$ に対し, $\varphi(x)\,\varphi(e_1) = \varphi(x\,e_1) = \varphi(x)$. よって命題 3.1 より, $\varphi(e_1) = e_2$ が言える.

(2) $\varphi(x)\,\varphi(x^{-1}) = \varphi(x\,x^{-1}) = \varphi(e_1) = e_2$. よって命題 3.1 より, $\varphi(x^{-1}) = \varphi(x)^{-1}$ が言える. $\qquad\qquad\square$

準同型 $\varphi_1\colon G_1 \to G_2$, $\varphi_2\colon G_2 \to G_3$ に対し, 合成 $\varphi_2 \circ \varphi_1\colon G_1 \to G_3$ は準同型である.

群 G とその部分群 H に対し, 包含写像 $i\colon H \to G$ は準同型である.

群 G の元をすべて群 G' の単位元に対応させる写像は準同型である. これを **自明な** 準同型と言う.

例 5.2 (1) 実数 a に対し, 写像 $\varphi\colon \mathbb{R} \to \mathbb{R}$, $x \mapsto a\,x$ は準同型である. 準同型であるという条件は分配則 $a\,(x + y) = a\,x + a\,y$ に他ならない.

(2) 整数 n に対し, 写像 $\varphi\colon \mathbb{R}^{\times} \to \mathbb{R}^{\times}$, $x \mapsto x^n$ は準同型である. 準同型であるという条件は指数法則 $(x\,y)^n = x^n\,y^n$ に他ならない.

(3) 実数 $a \neq 0$ に対し, 写像 $\varphi\colon \mathbb{Z} \to \mathbb{R}^{\times}$, $n \mapsto a^n$ は準同型である. 準同型であるという条件は指数法則 $a^{m+n} = a^m\,a^n$ に他ならない.

(4) 実数 $a > 0$ に対し, 写像 $\varphi\colon \mathbb{R} \to \mathbb{R}^{\times}$, $x \mapsto a^x$ は準同型である. 準同型であるという条件は指数法則 $a^{x+y} = a^x\,a^y$ に他ならない.

(5) 関数 $\log\colon \mathbb{R}_{>0} \to \mathbb{R}$ は準同型である. 準同型であるという条件は対数法則 $\log(x\,y) = \log(x) + \log(y)$ に他ならない.

(6) 写像 $\varphi\colon \mathbb{C}^{\times} \to \mathbb{R}_{>0}$, $z \mapsto |z|$ は準同型である.

(7) 写像 $\varphi\colon \mathbb{R} \to \mathbb{C}^{\times}$, $x \mapsto e^{i\,x} = \cos x + i \sin x$ は準同型である.

(8) 置換の符号 $\mathrm{sgn}\colon S_n \to \{1, -1\}$ は準同型である.

5.1.3 群の同型

定義 5.2　群 G_1 から群 G_2 への写像 $\varphi\colon G_1 \to G_2$ が **同型** (isomorphism) であるとは, 次の条件が成り立つことである.

(1) φ は 1 対 1 対応.
(2) φ, φ^{-1} は準同型.

このとき次が成立する.

(1) 群 G に対し, 恒等写像 $\mathrm{id}\colon G \to G$ は同型である.
(2) 同型 $\varphi\colon G_1 \to G_2$ に対し, 逆写像 $\varphi^{-1}\colon G_2 \to G_1$ は同型である.
(3) 同型 $\varphi_1\colon G_1 \to G_2$, $\varphi_2\colon G_2 \to G_3$ に対し, 合成 $\varphi_2 \circ \varphi_1\colon G_1 \to G_3$ は同型である.

　写像 $\varphi\colon G_1 \to G_2$ が準同型かつ 1 対 1 対応ならば, $\varphi^{-1}\colon G_2 \to G_1$ も準同型である. よって φ は同型である.

定義 5.3　群 G_1 から群 G_2 への同型写像が存在するとき, G_1 は G_2 に **同型である** (isomorphic) と言い, $G_1 \cong G_2$ で表す.

　群の間の『同型である』という関係は **同値関係** である. すなわち次の 3 条件が成立する.

(1) (反射律) $G \cong G$
(2) (対称律) $G \cong G'$ ならば $G' \cong G$
(3) (推移律) $G \cong G'$ かつ $G' \cong G''$ ならば, $G \cong G''$

64

5.1.4 核と像

定理 5.1　群の準同型 $\varphi\colon G_1 \to G_2$ に対し,

$$\mathrm{Ker}(\varphi) = \varphi^{-1}(e) = \{g \in G_1 \mid \varphi(g) = e\},$$
$$\mathrm{Im}(\varphi) = \varphi(G_1) = \{\varphi(g) \mid g \in G_1\}$$

とおくと, $\mathrm{Ker}(\varphi)$ は G_1 の部分群であり, $\mathrm{Im}(\varphi)$ は G_2 の部分群である.

　部分群 $\mathrm{Ker}(\varphi)$ を φ の **核** (kernel) と言い, $\mathrm{Im}(\varphi)$ を φ の **像** (image) と言う.

命題 5.3　(1) 準同型 $\varphi\colon G_1 \to G_2$ が単射であることは,

$$\mathrm{Ker}(\varphi) = \{e\}$$

に同値である.

　(2) 準同型 $\varphi\colon G_1 \to G_2$ が同型であることは,

$$\mathrm{Ker}(\varphi) = \{e\}, \quad \mathrm{Im}(\varphi) = G_2$$

に同値である.

命題 5.4　群の準同型 $\varphi\colon G_1 \to G_2$ と G_2 の部分群 H に対し,

$$\varphi^{-1}(H) = \{g \in G_1 \mid \varphi(g) \in H\}$$

は G_1 の部分群である.

例 5.5　(1) 正の整数 n に対し, $\varphi\colon \mathbb{C}^\times \to \mathbb{C}^\times$ を $\varphi(z) = z^n$ で定義すると, φ は準同型である. 核 $\mathrm{Ker}(\varphi)$ は 1 の n 乗根全体のなす $\mathbb{C}^\times$ の部分群である.

(2) n 次対称群 S_n に対し，符号 sgn: $S_n \to \{1, -1\}$ は準同型である．核 Ker(sgn) は n 次交代群 A_n に他ならない．

(3) 群 G_1, G_2 に対し，射影 $p_j: G_1 \times G_2 \to G_j$ $(j = 1, 2)$ は準同型である．核 Ker(p_1) は G_2 と同型な $G_1 \times G_2$ の部分群 $\{(e_1, y) \mid y \in G_2\}$ であり，核 Ker(p_2) は G_1 と同型な $G_1 \times G_2$ の部分群 $\{(x, e_2) \mid x \in G_1\}$ である．

5.1.5 正多面体群と置換

正 4 面体 $R = $ Te の場合，正多面体群 G_R は 4 つの頂点の偶置換を引きおこす．これにより G_R から A_4 への準同型が得られるが，これは単射であり，$|G_R| = |A_4|$ より，同型である．

正 8 面体 $R = $ Oc の場合，正多面体群 G_R は向かい合う面の対の置換を引きおこす．これにより G_R から S_4 への準同型が得られるが，これは単射であり，$|G_R| = |S_4|$ より，同型である．

正 20 面体 $R = $ Oc の場合，正 12 面体の面の対角線を辺とする立方体が 5 つあり，G_R はこれらの偶置換を引きおこす．これにより G_R から A_5 への準同型が得られるが，これは単射であり，$|G_R| = |A_5|$ より，同型である．

5.2 正規部分群と剰余群

5.2.1 正規部分群

定義 5.4　群 G の部分群 N が **正規部分群** (normal subgroup) であるとは，

- 任意の $x \in G$ に対し，$xN = Nx$

が成り立つことである．

アーベル群の部分群はすべて正規部分群である．

例 5.6 (1) 3 次対称群

$$S_3 = \{e, (1\,2), (1\,3), (2\,3), (1\,2\,3), (1\,3\,2)\}$$

に対し，3 次交代群 $A_3 = \{e, (1\,2\,3), (1\,3\,2)\}$ は S_3 の正規部分群である．

また，$H = \{e, (1\,2)\}$ は S_3 の部分群であるが，正規部分群ではない．実際，

$$(1\,3)\,H = \{(1\,3), (1\,2\,3)\}, \quad H\,(1\,3) = \{(1\,3), (1\,3\,2)\}$$

より，$(1\,3)\,H \neq H\,(1\,3)$ であることがわかる．

(2) $V = \{e, (12)(34), (13)(24), (14)(23)\}$ は S_4 の正規部分群である．

5.2.2 共役

定義 5.5 群 G と $x, y \in G$ に対し，y が x に **共役である** (conjugate) とは，

- $a \in G$ が存在して，$y = a\,x\,a^{-1}$

となることである．

群の 2 つの元に対する共役という関係は，同値関係である．すなわち，次が成り立つ．

(1) $e\,x\,e^{-1} = x$
(2) $y = a\,x\,a^{-1}$ ならば，$x = a^{-1}y\,(a^{-1})^{-1}$
(3) $y = a\,x\,a^{-1}$, $z = b\,y\,b^{-1}$ ならば，$z = (b\,a)\,x\,(b\,a)^{-1}$

共役という同値関係に関する同値類を，G における **共役類** (conjugacy class) と言う．

例 5.7　(1) n 次対称群 S_n において，$x \le n$ に対し，x 次巡回置換どうしはたがいに共役である．

(2) アーベル群の場合，共役な元どうしは一致する．

(3) 第 2 章でおこなった正多面体 R の対称性の分類は，群 G_R, D_R における共役類を列挙したのであった．

群 G の部分群 H と $a \in G$ に対し，

$$a H a^{-1} = \{a x a^{-1} \mid x \in H\} = \{y \in G \mid a^{-1} y a \in H\}$$

とおくと，$a H a^{-1}$ も G の部分群である．

命題 5.8　群 G の部分群 H に対し，次の条件はたがいに同値である．

(1) H は正規部分群である．

(2) 任意の $x \in G$ に対し，$x H x^{-1} = H$.

(3) 任意の $x \in G$ に対し，$x H x^{-1} \subset H$.

(4) H の元と共役な元は，すべて H に属する．

(5) H は G の共役類の和集合である．

命題 5.9　群 G と $a, x \in G$ に対し，$x^a = a^{-1} x a$ とおくと，

(1) $(x y)^a = x^a y^a, \quad (x^a)^b = x^{a b}$.

(2) G の部分群 H に対し，H が正規部分群であることは，

　　　● 任意の $a \in G, x \in H$ に対し，$x^a \in H$

に同値．

5.2.3 剰余群

補題 4.5 より，次が従う．

補題 5.10　群 G とその正規部分群 N，および $x, x', y, y' \in G$ に対し，

(1) $yN = y'N$ ならば, $(xy)N = (xy')N$.

(2) $xN = x'N$ ならば, $(xy)N = (x'y)N$.

(3) $xN = x'N$, $yN = y'N$ ならば, $(xy)N = (x'y')N$.

群 G とその正規部分群 N に対し, G/N 上の二項演算が,

$$(xN)(yN) = (xy)N$$

によって無事に定義される (well-defined). さらに,

定理 5.2 群 G とその正規部分群 N に対し, G/N 上の二項演算を

$$(xN)(yN) = (xy)N$$

によって定義すると, G/N は群になる. このとき,

(1) G/N の単位元は, $eN = N$.

(2) xN の逆元は, $x^{-1}N$.

(3) 射影 $p\colon G \to G/N$, $x \mapsto xN$ は準同型である.

群 G/N を, G の N による **剰余群** あるいは **商群** と言う.

G がアーベル群で, 演算が加法 $+$ で記述されている場合, 部分群は必ず正規部分群である. 部分群 H に対し, 剰余類を $x + H$ と書く. 剰余類の集合 G/H はアーベル群になり, その演算は

$$(x + H) + (y + H) = (x + y) + H$$

で与えられる.

群 G の構造を調べるのに, 正規部分群 N と剰余群 G/N に分けてそれぞれを調べ, その上で N と G/N がどのように絡んで G ができあがるのかを調べる, という方法が考えられる. が, そうはいかない群もある.

定義 5.6 群 G の正規部分群が $\{e\}$ と G だけであるとき，G は **単純群** であると言う．

例 5.11 素数 p に対し，$\mathbb{Z}/p\mathbb{Z}$ は単純群である．

5.2.4 交代群

たがいに素な 2 つの互換の積 $(a\ \ b)(c\ \ d)$ を，**(2, 2) 置換** とよぶ．

補題 5.12 (1) $(2,2)$ 置換は 3 次巡回置換の積で書ける．
(2) 5 次以上の交代群の中で，3 次巡回置換は $(2,2)$ 置換の積で書ける．

証明 (1) $(12)(34) = (132)(134)$ より．
(2) $(123) = (12)(45) \cdot (23)(45)$ より． □

命題 5.13 (1) 5 次以上の交代群 A_n は 3 次巡回置換で生成される．
(2) 5 次以上の交代群 A_n は $(2,2)$ 置換で生成される．

証明 偶置換をたがいに素な巡回置換の積で表す．
4 次以上の巡回置換 $(1\ 2\ \cdots\ k)$ は，

$$(1\ 2\ \cdots\ k) = (1\ 2\ \cdots\ k-2)(k-2\ k-1\ k)$$

と書ける．したがって任意の偶置換は，偶数個の互換といくつかの 3 次巡回置換の積で書ける．

互換 τ と 3 次巡回置換 σ に対し，$\sigma' = \tau^{-1}\sigma\tau$ も 3 次巡回置換であり，$\sigma\tau = \tau\sigma'$ となる．これを用いて，互換を左に，3 次巡回置換を右に書くと，任意の偶置換は，いくつかの $(2,2)$ 置換と 3 次巡回置換の積で書ける．補題 5.12 より，(1)(2) が言える． □

命題 5.14 (1) 5 次以上の交代群 A_n の中で，3 次巡回置換どうしはたがいに共役である．

(2) 5 次以上の交代群 A_n の中で，$(2, 2)$ 置換どうしはたがいに共役である．

証明 (1) $(234)^{-1}(123)(234) = (214)$ より，(123) と (214) は共役．同様に (214) と (125) は共役．よって (123) と (125) は共役．

(2) $(12)(45) \cdot (12)(34) \cdot (12)(45) = (12)(35)$ より，$(12)(34)$ と $(12)(35)$ は共役． $\square$

これを用いて，次が示される．

補題 5.15 5 次以上の交代群 A_n の正規部分群 $N \neq \{e\}$ は 3 次巡回置換を含む．

証明 (Case 1) N の元 α をたがいに素な巡回置換の積で書くとき，その中に 4 次以上の巡回置換 $\sigma = (12 \cdots k)$ がある場合． $\alpha = \sigma\tau$ かつ σ, τ がたがいに素とすると，

$$(123)\,\alpha\,(123)^{-1} = (4 \cdots k\ 2\ 3\ 1)\,\tau$$

は N に属する．よって

$$\alpha^{-1} \cdot (123)\,\alpha\,(123)^{-1} = (13\,k)$$

は N に属する．

(Case 2) N の元 α をたがいに素な巡回置換の積で書くとき，その中に $(123), (456)$ がある場合． $\alpha = (123)(456)\,\tau \in N$ かつ $(123), (456), \tau$ がたがいに素とすると，

$$(12)(34)\,\alpha\,(12)(34) = (142)(356)\,\tau$$

は N に属する. よって

$$(12)(34)\,\alpha\,(12)(34) \cdot \alpha^{-1} = (15243)$$

は N に属する. よって (Case 1) に帰着された.

あとは,

(a) $\alpha \in N$ をたがいに素な巡回置換の積で書くとき, (123) といくつかの $(2, 2)$ 置換の積になる場合

(b) $\alpha \in N$ をたがいに素な巡回置換の積で書くとき, いくつかの $(2, 2)$ 置換の積になる場合

に絞られた.

(Case a) $\alpha^2 = (132)$ が N に属する.

(Case b) $\alpha = (12)(34)\,\tau$ かつ $(12)(34), \tau$ がたがいに素とすると,

$$(123)\,\alpha\,(123)^{-1} = (14)(23)\,\tau$$

は N に属する. よって

$$\alpha^{-1} \cdot (123)\,\alpha\,(123)^{-1} = (13)(24)$$

は N に属する. 補題 5.12 より, N は 3 次巡回置換を含む. □

以上を合わせると, 次が得られる.

定理 5.3 5 次以上の交代群 A_n $(n \geq 5)$ は単純群である.

5.2.5 準同型定理

定理 5.4 群 G, G' と準同型 $\varphi\colon G \to G'$ に対し, 核 $\mathrm{Ker}(\varphi)$ は正規部分群である.

証明　$a \in G$, $x \in \mathrm{Ker}(\varphi)$ に対し,

$$\varphi(a\,x\,a^{-1}) = \varphi(a)\,\varphi(x)\,\varphi(a^{-1}) = \varphi(a)\,e\,\varphi(a^{-1}) = \varphi(a\,a^{-1}) = \varphi(e) = e.$$

よって $a\,x\,a^{-1} \in \mathrm{Ker}(\varphi)$.　　　　　　　　　　　　　　　　□

定理 5.5　群 G, G' と G の正規部分群 N, および準同型 $\varphi\colon G \to G'$ に対し, $\varphi(N) = \{e\}$ ならば,

(1) 写像 $\overline{\varphi}\colon G/N \to G'$ で,

　　　• 任意の $x \in G$ に対し, $\overline{\varphi}(x\,N) = \varphi(x)$

となるものがただ一つ存在する.

(2) $\overline{\varphi}\colon G/N \to G'$ は準同型である.

証明　(1) 一意性は明らか. 存在は,

　　　• $x\,N = x'\,N$ ならば $\varphi(x) = \varphi(x')$

を示せばよい. $x\,N = x'\,N$ とすると, $x' = x\,y$, $y \in N$ と書けるので,

$$\varphi(x') = \varphi(x)\,\varphi(y) = \varphi(x)\,e = \varphi(x).$$

(2) $(x\,N)(y\,N) = (x\,y)\,N$ より.　　　　　　　　　　　　　　　　□

　写像 $\overline{\varphi}\colon G/N \to G'$ を, $\varphi\colon G \to G'$ によって **誘導される** 準同型とよぶ.

定理 5.6 (準同型定理, 第一同型定理)　群 G, G' と準同型 $\varphi\colon G \to G'$ に対し, $N = \mathrm{Ker}(\varphi)$ とおくとき, 誘導される準同型 $\overline{\varphi}\colon G/N \to \mathrm{Im}(\varphi)$, $x\,N \mapsto \varphi(x)$ は同型である.

証明　$\varphi(x) = e$ ならば $x \in N$. よって $x\,N = N$. ゆえに, $\mathrm{Ker}(\overline{\varphi}) = \{N\}$. N は剰余群 G/N の単位元である.

また，$\overline{\varphi} \colon G/N \to \operatorname{Im}(\varphi)$, $xN \mapsto \varphi(x)$ は全射である．

よって命題 5.3 より，$\overline{\varphi}$ は同型である． $\square$

定理 5.7 群 G の部分群 H，および正規部分群 N に対し，

$$HN = \{xy \mid x \in H,\, y \in N\}$$

とおくと，

(1) HN は G の部分群であり，N は HN の正規部分群である．

(2) $H \cap N$ は H の正規部分群である．

(3) 写像 $j \colon H \to HN/N$, $x \mapsto xN$ は全射準同型であり，$\operatorname{Ker}(j) = H \cap N$ である．

(4) (第二同型定理) j は同型 $H/H \cap N \to HN/N$ を誘導する．

アーベル群 G の演算が加法 $+$ で記述されている場合，部分群 H, K に対し，

$$H + K = \{x + y \mid x \in H,\, y \in K\}$$

は G の部分群であり，$H \cap K$ は H の部分群である．第二同型定理は，

$$H/H \cap K \cong (H + K)/K$$

と書かれる．

74

演習問題

(1) 準同型 $\varphi\colon \mathbb{R} \to \mathbb{C}^\times$, $x \mapsto \mathrm{e}^{ix}$ の核と像を求めよ.

(2) 群 $\mathbb{R}/\mathbb{Z}$ と $S^1 = \{z \in \mathbb{C}^\times \mid |z| = 1\}$ が同型であることを示せ.

略解

(1) $\mathrm{Ker}(\varphi) = 2\pi\,\mathbb{Z}$, $\mathrm{Im}(\varphi) = S^1 = \{z \in \mathbb{C}^\times \mid |z| = 1\}$.

(2) 準同型 $\varphi\colon \mathbb{R} \to \mathbb{C}^\times$, $x \mapsto \mathrm{e}^{2\pi i x}$ の核は $\mathbb{Z}$, 像は S^1 である. よって準同型定理より, $\mathbb{R}/\mathbb{Z} \cong S^1$.

6 | 行列と群

行列は，合同式や多項式と並んで，数学における具体的なものと抽象的なものの橋渡しをしてくれる存在である．行列を元とし行列の乗法を演算とする群は，いろいろな手段でくわしく調べることができる．

《キーワード》行列，直交行列，正多面体群

6.1 行列

6.1.1 行列の積

実数すべての集合を $\mathbb{R}$ で表し，複素数すべての集合を $\mathbb{C}$ で表す．

以下，『数』と言ったら複素数のこととする．

定義 6.1　mn 個の数を縦に m 個，横に n 個というしかたで四角に並べたもの

$$\left[a_{i,j}\right] = \begin{bmatrix} a_{1,1} & \cdots & a_{1,n} \\ \vdots & & \vdots \\ a_{m,1} & \cdots & a_{m,n} \end{bmatrix}$$

で表される量を $m \times n$ **行列** (matrix) と言う．$1 \times n$ 行列を n 次 **行ベクトル** (row) と言い，$m \times 1$ 行列を m 次 **列ベクトル** (column) と言う．$n \times n$ 行列を n 次 **正方行列** と言う．

行列 A の上から i 行め，左から j 列めの位置にある数を，A の (i, j) **成分** と言う．

すべての成分が 0 である行列を **ゼロ行列** と言い，O で表す．

行列に対し, **加法** と **スカラー倍** という演算を定義することができる.
すなわち,

(1) $m \times n$ 行列 A, B に対し, $A + B$ は, A, B の (i, j) 成分の和を
(i, j) 成分とする $m \times n$ 行列である.

(2) $m \times n$ 行列 A と数 c に対し, $Ac = cA$ は c を A のすべての成分
にかけたものである.

$m \times n$ 行列 $A_1, \ldots, A_k$ と数 $x_1, \ldots, x_k$ に対し,

$$A_1 x_1 + \cdots + A_k x_k$$

を $A_1, \ldots, A_k$ の **1次結合** と言い, $x_1, \ldots, x_k$ を係数とよぶ.

定義 6.2 (1) $m \times n$ 行列 A を n 個の m 次列ベクトルを並べたものと
見て

$$A = \begin{bmatrix} a_1 & \cdots & a_n \end{bmatrix}$$

とおくとき, n 次列ベクトル x の成分 $x_1, \ldots, x_n$ を係数とする A
の列 $a_1, \ldots, a_n$ の1次結合を, A と x の **積** Ax と定義する. す
なわち,

$$Ax = a_1 x_1 + a_2 x_2 + \cdots + a_n x_n, \quad x = \begin{bmatrix} x_1 \\ \vdots \\ x_n \end{bmatrix}.$$

(2) $m \times n$ 行列 A と $n \times p$ 行列 $B = \begin{bmatrix} b_1 & \cdots & b_p \end{bmatrix}$ の積を,

$$AB = \begin{bmatrix} A b_1 & \cdots & A b_p \end{bmatrix}$$

で定義する.

たとえば, $A = \begin{bmatrix} a_{1,1} & a_{1,2} & a_{1,3} \\ a_{2,1} & a_{2,2} & a_{2,3} \end{bmatrix}$, $x = \begin{bmatrix} x_1 \\ x_2 \\ x_3 \end{bmatrix}$ に対し,

$$A\,x = \begin{bmatrix} a_{1,1} \\ a_{2,1} \end{bmatrix} x_1 + \begin{bmatrix} a_{1,2} \\ a_{2,2} \end{bmatrix} x_2 + \begin{bmatrix} a_{1,3} \\ a_{2,3} \end{bmatrix} x_3 = \begin{bmatrix} a_{1,1}\,x_1 + a_{1,2}\,x_2 + a_{1,3}\,x_3 \\ a_{2,1}\,x_1 + a_{2,2}\,x_2 + a_{2,3}\,x_3 \end{bmatrix}.$$

積 AB が定義されるのは, A の列の個数と B の行の個数が一致しているときである.

行列の積について, 以下の公式が成り立つ.

(1) $(A\,B)\,C = A\,(B\,C)$.

(2) $A\,(B + B') = A\,B + A\,B'$, $(B + B')\,C = B\,C + B'\,C$.

(3) 数 c に対し, $c\,(A\,B) = (c\,A)\,B = A\,(c\,B)$.

6.1.2 単位行列と逆行列

定義 6.3 (1) 正方行列の $(i,\,i)$ 成分を **対角成分** と言う.

(2) n 次正方行列であって, 対角成分が 1, それ以外の成分が 0 である 行列 $E = E_n$ を **単位行列** と言う.

$m \times n$ 行列 A に対し, $A\,E_n = A$. $n \times p$ 行列 B に対し, $E_n\,B = B$. たとえば,

$$\begin{bmatrix} a & b \\ c & d \end{bmatrix}\begin{bmatrix} 1 & 0 \\ 0 & 1 \end{bmatrix} = \begin{bmatrix} a & b \\ c & d \end{bmatrix}, \quad \begin{bmatrix} 1 & 0 \\ 0 & 1 \end{bmatrix}\begin{bmatrix} a & b \\ c & d \end{bmatrix} = \begin{bmatrix} a & b \\ c & d \end{bmatrix}.$$

単位行列 E の $(i,\,j)$ 成分は, $\delta_{i,j} = \begin{cases} 1 & i = j \\ 0 & i \neq j \end{cases}$ である. 記号 $\delta_{i,j}$ を **クロネッカーのデルタ** (Kronecker's delta) とよぶ.

定義 6.4 (1) 正方行列 A に対し, $A^{-1}A = E$, $AA^{-1} = E$ をみたす正方行列 A^{-1} を A の **逆行列** と言う.

(2) 正方行列 A の逆行列が存在するとき, A は **正則行列** であると言う.

$ad - bc \neq 0$ のとき, $\begin{bmatrix} a & b \\ c & d \end{bmatrix}$ は正則行列であり,

$$\begin{bmatrix} a & b \\ c & d \end{bmatrix}^{-1} = \frac{1}{ad - bc} \begin{bmatrix} d & -b \\ -c & a \end{bmatrix}.$$

次が成り立つ. 証明は略す.

定理 6.1 n 次正方行列 A, B に対し, $AB = E$ ならば $BA = E$.

6.1.3 置換行列

n 次単位行列を $E = \begin{bmatrix} e_1 & \cdots & e_n \end{bmatrix}$ とおく.

定義 6.5 置換 $\sigma \in S_n$ に対し, $P(\sigma) = \begin{bmatrix} e_{\sigma(1)} & \cdots & e_{\sigma(n)} \end{bmatrix}$ とおき, これを **置換行列** と言う.

定理 6.2 (1) $P(\sigma)\,e_i = e_{\sigma(i)}$.

(2) $P(\sigma)\,P(\tau) = P(\sigma\tau)$.

(3) $P(e) = E$.

(4) $P(\sigma^{-1}) = P(\sigma)^{-1}$.

6.1.4 行列式

変数 $x_1, \ldots, x_n$ の関数 $f(x_1, \ldots, x_n) = a_1 x_1 + \cdots + a_n x_n$ を **1 次形式** と言う.

ベクトル $x = \begin{bmatrix} x_1 \\ \vdots \\ x_n \end{bmatrix}$, $y = \begin{bmatrix} y_1 \\ \vdots \\ y_n \end{bmatrix}$ の関数 $f(x, y)$ で,

(1) x についても y についても 1 次形式

(2) $f(x, x) = 0$

をみたすものを **交代形式** と言う. これに対し,

$$f(x + y, x + y) = f(x, x) + f(x, y) + f(y, x) + f(y, y)$$

より, $f(y, x) = -f(x, y)$ となることが言える.

$f(x, y) = \displaystyle\sum_{i=1}^{n} \sum_{j=1}^{n} a_{i\,j}\, x_i\, y_j$ とすると,

- $f(x, y)$ が交代形式ならば, $a_{i,i} = 0$, $a_{j,i} = -a_{i,j}$ が成り立つ. したがって,

$$f(x, y) = \sum_{1 \le i < j \le n} a_{i\,j}\, (x_i\, y_j - x_j\, y_i)$$

と書ける.

- 逆に, $a_{i,i} = 0$, $a_{j,i} = -a_{i,j}$ ならば $f(x, y)$ は交代形式である.

2 次正方行列 $A = \begin{bmatrix} a_{1,1} & a_{1,2} \\ a_{2,1} & a_{2,2} \end{bmatrix}$ に対し, 成分の 2 次多項式

$$\det(A) = \begin{vmatrix} a_{1,1} & a_{1,2} \\ a_{2,1} & a_{2,2} \end{vmatrix} = a_{1,1}\, a_{2,2} - a_{2,1}\, a_{1,2}$$

を A の **行列式** (determinant) と言う.

次は容易に確かめられる.

命題 6.1 2 次正方行列 A に対し,

  (1) $\det(A)$ は A の 2 つの列の交代形式である.

  (2) $\det(E) = 1$.

次が成り立つ. 証明は略す.

定理 6.3 n 次正方行列 $A = \begin{bmatrix} a_{i,j} \end{bmatrix}$ に対し,

  (1) 成分 $a_{i,j}$ の多項式 $\det(A)$ で,

    (a) $\det(A)$ は A の任意の 2 つの列に対し, その交代形式である.

    (b) $\det(E) = 1$.

    をみたすものがただ一つ存在する. これを A の **行列式** と言う.

  (2) 置換 $\sigma \in S_n$ に対し, $\det P(\sigma) = \mathrm{sgn}(\sigma)$.

  (3) $\det(A) = \displaystyle\sum_{\sigma \in S_n} \mathrm{sgn}(\sigma)\, a_{\sigma(1),\,1} \cdots a_{\sigma(n),\,n}$.

定理 6.4 (1) n 次正方行列 A, B に対し, $\det(AB) = \det(A)\det(B)$.

  (2) n 次正方行列 A と n 次正則行列 P に対し, $\det(PAP^{-1}) = \det(A)$.

定理 6.5 n 次正方行列 A に対し, A が正則行列であることは, $\det(A) \neq 0$ に同値である.

6.1.5 トレース

定義 6.6 n 次正方行列 $A = \begin{bmatrix} a_{i,j} \end{bmatrix}$ に対し,

$$\mathrm{tr}(A) = \sum_{i=1}^{n} a_{i,\,i}$$

を A の **トレース** (trace) と言う.

定理 6.6 (1) n 次正方行列 A, B に対し, $\mathrm{tr}(A + B) = \mathrm{tr}(A) + \mathrm{tr}(B)$.

(2) n 次正方行列 A, B に対し，$\mathrm{tr}(AB) = \mathrm{tr}(BA)$.

(3) n 次正方行列 A と n 次正則行列 P に対し，$\mathrm{tr}(PAP^{-1}) = \mathrm{tr}(A)$.

6.1.6 内積

この節では，数を実数に限定する.

n 個の実数の組すべての集合を $\mathbb{R}^n$ で表す.

ベクトル $x = \begin{bmatrix} x_1 \\ \vdots \\ x_n \end{bmatrix}, y = \begin{bmatrix} y_1 \\ \vdots \\ y_n \end{bmatrix} \in \mathbb{R}^n$ に対し，$\langle x, y \rangle = \sum_{i=1}^{n} x_i y_i$ を **標準的内積** と言う. 以下，これを単に内積 とよぶ.

次は容易に確かめられる.

命題 6.2　(1) $\langle x, y \rangle$ は x の成分の 1 次形式であり，y の成分の 1 次形式である.

(2) $\langle y, x \rangle = \langle x, y \rangle$

(3) $\langle x, x \rangle \geq 0$ であり，等号成立は $x = \mathbf{0}$ のときのみである.

$S^n = \{x \in \mathbb{R}^{n+1} \mid \langle x, x \rangle = 1\}$ を半径 1 の n **次元球面** と言う.

ベクトル $x \in \mathbb{R}^n$ に対し，$\|x\| = \sqrt{\langle x, x \rangle}$ を x の **ノルム** (norm) と言う.

$a \in \mathbb{R}^n, a \neq \mathbf{0}$ とする. $x \in \mathbb{R}^n$ に対し，$\langle x - ta, a \rangle = 0$ となるように $t \in \mathbb{R}$ を取ると，$t = \dfrac{\langle a, x \rangle}{\langle a, a \rangle}$. このとき，$ta$ を x の a 方向への **正射影** と言い，$a, x - ta$ を a, x の **直交化** と言う.

また，$\langle x - ta, x - ta \rangle \geq 0$ および

$$\langle x - ta, x - ta \rangle = \langle x - ta, x \rangle = \langle x, x \rangle - t\langle a, x \rangle = \langle x, x \rangle - \frac{\langle a, x \rangle}{\langle a, a \rangle}\langle a, x \rangle$$

より，次が言える.

定理 6.7（Cauchy-Schwarz の不等式） 任意の $a, x \in \mathbb{R}^n$ に対し,
$|\langle a, x \rangle| \leq \|a\| \, \|x\|$.

次は容易に確かめられる.

命題 6.3 (1) $\|x\| \geq 0$ であり, 等号成立は $x = \mathbf{0}$ のとき.

(2) $t \in \mathbb{R}$ に対し, $\|t\,x\| = |t|\,\|x\|$

(3) $\|x + y\| \leq \|x\| + \|y\|$

$m \times n$ 行列 A の **転置** (transpose) A^{T} とは, その (i, j) 成分が A の (j, i) 成分と一致するような $n \times m$ 行列のことである. ${}^t A$ と書くこともある. これについて, 次が成り立つ. 証明は略す.

命題 6.4 (1) $(A^{\mathrm{T}})^{\mathrm{T}} = A$

(2) $(A\,B)^{\mathrm{T}} = B^{\mathrm{T}} A^{\mathrm{T}}$

(3) $\det(A^{\mathrm{T}}) = \det(A)$

(4) $\operatorname{tr}(A^{\mathrm{T}}) = \operatorname{tr}(A)$

(5) n 次列ベクトル x, y に対し, $\langle x, y \rangle = x^{\mathrm{T}} y$

(6) $m \times n$ 行列 A, m 次列ベクトル y, n 次列ベクトル x に対し, $\langle y, A\,x \rangle = \langle A^{\mathrm{T}} y, x \rangle$

(7) $m \times n$ 行列 $A = \begin{bmatrix} a_1 & \cdots & a_n \end{bmatrix}$, $B = \begin{bmatrix} b_1 & \cdots & b_n \end{bmatrix}$ に対し, $A^{\mathrm{T}} B$ の (i, j) 成分は $\langle a_i, b_j \rangle$ に等しい.

(8) $m \times n$ 行列 $A = [a_{i,j}]$, $B = [b_{i,j}]$ に対し, $\operatorname{tr}(A^{\mathrm{T}} B) = \displaystyle\sum_{i=1}^{m} \sum_{j=1}^{n} a_{i,j}\, b_{i,j}$.

6.2 行列の群

6.2.1 正則行列と直交行列

$K = \mathbb{R}$ あるいは $K = \mathbb{C}$ とする.

成分が K に属する n 次正方行列全体の集合を $\mathrm{M}_n(K)$ で表す.

定義 6.7 n 次正則行列全体から成る $\mathrm{M}_n(K)$ の部分集合を $\mathrm{GL}_n(K)$ で表す. $\mathrm{GL}_n(K)$ は,行列の積を演算とする群になる. これを K 上の **一般線形群** と言う. その部分集合で行列式が 1 である行列全体から成るもの $\mathrm{SL}_n(K)$ は,$\mathrm{GL}_n(K)$ の部分群である. これを K 上の **特殊線形群** と言う.

定義 6.8 正則行列 $P \in \mathrm{GL}_n(\mathbb{R})$ で,$P^{\mathrm{T}} = P^{-1}$ となるものを **直交行列** (orthogonal matrix) と言う.

命題 6.5 (1) 直交行列 P に対し,$\det(P) = \pm 1$.
 (2) $P \in \mathrm{M}_n(\mathbb{R})$ に対し,P が直交行列であることは,任意の $x, y \in \mathbb{R}^n$ に対し $\langle Px, Py \rangle = \langle x, y \rangle$ であることに同値である.

定義 6.9 n 次直交行列すべての集合 $\mathrm{O}(n)$ は $\mathrm{GL}_n(\mathbb{R})$ の部分群である. これを n **次直交群** と言う. また,$\mathrm{O}(n)$ の部分群 $\mathrm{SO}(n) = \mathrm{O}(n) \cap \mathrm{SL}_n(\mathbb{R})$ を n **次特殊直交群**,あるいは n **次回転群** と言う.

命題 6.5 より,$P \in \mathrm{O}(n)$ と $x \in S^{n-1} = \{x \in \mathbb{R}^n \mid \langle x, x \rangle = 1\}$ に対し,$Px \in S^{n-1}$ となる.

6.2.2 SO(2) と O(2)

$\mathrm{O}(1) = \{1, -1\}$, $\mathrm{SO}(1) = \{1\}$.
平面 $\mathbb{R}^2$ 上で $\begin{bmatrix} x \\ 0 \end{bmatrix}, \begin{bmatrix} 0 \\ y \end{bmatrix}$ を原点の周りに正の向きに θ 回転すると,

$$\begin{bmatrix} x\cos\theta \\ x\sin\theta \end{bmatrix}, \quad \begin{bmatrix} -y\sin\theta \\ y\cos\theta \end{bmatrix}$$ にうつる. よって, $\begin{bmatrix} x \\ y \end{bmatrix}$ はこの回転により,

$$\begin{bmatrix} x\cos\theta \\ x\sin\theta \end{bmatrix} + \begin{bmatrix} -y\sin\theta \\ y\cos\theta \end{bmatrix} = \begin{bmatrix} \cos\theta & -\sin\theta \\ \sin\theta & \cos\theta \end{bmatrix} \begin{bmatrix} x \\ y \end{bmatrix}$$

にうつる.

$R(\theta) = \begin{bmatrix} \cos\theta & -\sin\theta \\ \sin\theta & \cos\theta \end{bmatrix}$ とおくと, $R(\theta) \in \mathrm{SO}(2)$ である. 逆に $\mathrm{SO}(2)$ の任意の元はこのように書ける. $R(\theta)$ は, 原点の周りに正の向きに θ 回転する操作を与える. また,

$$R(\theta)\, R(\varphi) = R(\theta + \varphi).$$

群 $\mathrm{SO}(2)$ は平面 M 上の点 O を中心とする回転の群 $G_{M,\,\mathrm{O}}$ に同型である.

$\mathrm{O}(2)$ の元は,

$$R(\theta) = \begin{bmatrix} \cos\theta & -\sin\theta \\ \sin\theta & \cos\theta \end{bmatrix}, \quad T(\theta) = \begin{bmatrix} \cos\theta & \sin\theta \\ \sin\theta & -\cos\theta \end{bmatrix}$$

と書ける. 特に,

$$T(0) = \begin{bmatrix} 1 & 0 \\ 0 & -1 \end{bmatrix}.$$

$T(\theta) = R(\theta)\, T(0) = T(0)\, R(-\theta)$ より,

$$T(\theta)\, R\left(\frac{\theta}{2}\right) = T(0)\, R\left(-\frac{\theta}{2}\right) = T\left(\frac{\theta}{2}\right).$$

よって,

$$T(\theta) \begin{bmatrix} \cos(\theta/2) \\ \sin(\theta/2) \end{bmatrix} = \begin{bmatrix} \cos(\theta/2) \\ \sin(\theta/2) \end{bmatrix}, \quad T(\theta) \begin{bmatrix} -\sin(\theta/2) \\ \cos(\theta/2) \end{bmatrix} = -\begin{bmatrix} -\sin(\theta/2) \\ \cos(\theta/2) \end{bmatrix}.$$

したがって $T(\theta)$ は，原点を通る傾き $\tan(\theta/2)$ の直線に関する鏡映を与える．

群 O(2) は平面 M 上の点 O を固定する回転と鏡映の群 $D_{M,\mathrm{O}}$ に同型である．

6.2.3 SO(3) と O(3)

群 SO(3) は空間 W 上の点 O を中心とする回転の群 $G_{W,\mathrm{O}}$ に同型である．

群 O(3) は空間 W 上の点 O を固定する回転と鏡映の群 $D_{W,\mathrm{O}}$ に同型である．

ベクトル $x, y \in \mathbb{R}^3$ に対し，**外積** $x \times y \in \mathbb{R}^3$ を

$$\langle x \times y, z \rangle = \det \begin{bmatrix} x & y & z \end{bmatrix} \quad (z \in \mathbb{R}^3)$$

によって定義する．具体的に書くと，

$$\begin{bmatrix} x_1 \\ x_2 \\ x_3 \end{bmatrix} \times \begin{bmatrix} y_1 \\ y_2 \\ y_3 \end{bmatrix} = \begin{bmatrix} x_2\, y_3 - x_3\, y_2 \\ x_3\, y_1 - x_1\, y_3 \\ x_1\, y_2 - x_2\, y_1 \end{bmatrix}.$$

基本ベクトル $e_1 = \begin{bmatrix} 1 \\ 0 \\ 0 \end{bmatrix}, e_2 = \begin{bmatrix} 0 \\ 1 \\ 0 \end{bmatrix}, e_3 = \begin{bmatrix} 0 \\ 0 \\ 1 \end{bmatrix}$ に対し，

$$e_1 \times e_2 = e_3, \quad e_2 \times e_3 = e_1, \quad e_3 \times e_1 = e_2$$

となる．

行列 $P \in \mathrm{O}(3)$ と $x, y \in \mathbb{R}^3$ に対し，

$$P\,(x \times y) = \det(P)\,(P\,x \times P\,y).$$

(1) $m \times n$ 行列 A, m 次列ベクトル y, n 次列ベクトル x に対し, $\langle y, A\,x \rangle = \langle A^{\mathrm{T}}\,y, x \rangle$ を示せ.

(2) 直交行列 P に対し, $\det(P) = \pm 1$ を示せ.

(3) n 次直交行列 P と $x, y \in \mathbb{R}^n$ に対し, $\langle P\,x, P\,y \rangle = \langle x, y \rangle$ を示せ.

略解

(1) $\langle y, A\,x \rangle = y^{\mathrm{T}} A\,x = (A^{\mathrm{T}}\,y)^{\mathrm{T}} x = \langle A^{\mathrm{T}}\,y, x \rangle$.

(2) $\det(P^{\mathrm{T}}) \det(P) = \det(P^{\mathrm{T}} P) = \det(E) = 1$, $\quad \det(P^{\mathrm{T}}) = \det(P)$ より,

$(\det(P))^2 = 1$.

(3) $\langle P\,x, P\,y \rangle = \langle P^{\mathrm{T}} P\,x, y \rangle = \langle E\,x, y \rangle = \langle x, y \rangle$.

7 | SU(2)とSO(3)

空間の回転は SO(3) に属する 3 次正方行列によって記述される．これを複素数を成分とする 2 次正方行列で表すことを考える．

《**キーワード**》エルミート内積，ユニタリ行列，群の準同型

7.1 複素行列

7.1.1 エルミート内積

$\mathbb{R}$ は実数全体の集合を表し，$\mathbb{C}$ は複素数全体の集合を表す．

複素数 $z = x + iy$ $(x, y \in \mathbb{R})$ に対し，$\bar{z} = x - iy$ を z の **複素共役** (complex conjugate) と言う．これに対し，

(1) $\overline{z + w} = \bar{z} + \bar{w}$, $\overline{(z\,w)} = \bar{z}\,\bar{w}$.

(2) $\bar{z}\,z = x^2 + y^2 \geq 0$.

(3) $|z| = \sqrt{\bar{z}\,z}$ とおくと，

    (a) $|z\,w| = |z|\,|w|$, $|z + w| \leq |z| + |w|$.

    (b) $|z| = 0$ ならば $z = 0$.

n 個の複素数の組すべての集合を $\mathbb{C}^n$ で表す．

ベクトル $z = \begin{bmatrix} z_1 \\ \vdots \\ z_n \end{bmatrix}$, $w = \begin{bmatrix} w_1 \\ \vdots \\ w_n \end{bmatrix} \in \mathbb{C}^n$ に対し，$\langle z, w \rangle = \sum_{i=1}^{n} \bar{z}_i w_i$ を

標準的エルミート (Hermite) **内積** と言う．以下，これを単にエルミート内積とよぶ．

次は容易に確かめられる.

命題 7.1 (1) $\langle z, w \rangle$ は z について反線形, w について線形である. すなわち,

 (a) $\langle z + z', w \rangle = \langle z, w \rangle + \langle z', w \rangle$, $\langle \alpha z, w \rangle = \bar{\alpha} \langle z, w \rangle$ $(\alpha \in \mathbb{C})$

 (b) $\langle z, w + w' \rangle = \langle z, w \rangle + \langle z, w' \rangle$, $\langle z, \alpha w \rangle = \alpha \langle z, w \rangle$ $(\alpha \in \mathbb{C})$

が成り立つ.

(2) $\langle w, z \rangle = \overline{\langle z, w \rangle}$

(3) $\langle z, z \rangle \geq 0$ であり, 等号成立は $z = \mathbf{0}$ のときのみである.

集合 $\{z \in \mathbb{C}^n \mid \langle z, z \rangle = 1\}$ は $2n-1$ 次元球面である.

ベクトル $z \in \mathbb{C}^n$ に対し, $\|z\| = \sqrt{\langle z, z \rangle}$ を z の **ノルム** と言う.

定理 7.1 (コーシー・シュワルツ (Cauchy-Schwarz) の不等式) 任意の $z, w \in \mathbb{C}^n$ に対し, $|\langle z, w \rangle| \leq \|z\| \|w\|$.

証明 $z = \mathbf{0}$ の場合, 両辺 0.

$z \neq \mathbf{0}$ の場合, $\langle z, w - \alpha z \rangle = 0$ となるように $\alpha \in \mathbb{C}$ を定めると, $\langle w - \alpha z, w - \alpha z \rangle \geq 0$ より結論が導かれる.   □

次は容易に確かめられる.

命題 7.2 (1) $\|z\| \geq 0$ であり, 等号成立は $z = \mathbf{0}$ のときのみ.

(2) $\alpha \in \mathbb{C}$ に対し, $\|\alpha x\| = |\alpha| \|x\|$

(3) $\|z + w\| \leq \|z\| + \|w\|$

複素数を成分とする $m \times n$ 行列 A に対し, その各成分の複素共役を成分とする行列を $\bar{A}$ で表し, さらに $A^* = (\bar{A})^{\mathrm{T}}$ とおく. これについて, 次が成り立つ. 証明は略す.

命題 7.3　(1) $(A^*)^* = A$

(2) $(AB)^* = B^* A^*$

(3) $z, w \in \mathbb{C}^n$ に対し，$\langle z, w \rangle = z^* w$

(4) $m \times n$ 行列 A, $w \in \mathbb{C}^m$, $z \in \mathbb{C}^n$ に対し，$\langle w, Az \rangle = \langle A^* w, z \rangle$

(5) $m \times n$ 行列 $A = \begin{bmatrix} a_1 & \cdots & a_n \end{bmatrix}$, $B = \begin{bmatrix} b_1 & \cdots & b_n \end{bmatrix}$ に対し，$A^* B$ の (i, j) 成分は $\langle a_i, b_j \rangle$ に等しい.

7.1.2 ユニタリ行列

定義 7.1　複素数を成分とする n 次正則行列 $U \in \mathrm{GL}_n(\mathbb{C})$ であって $U^{-1} = U^*$ であるものを n **次ユニタリ行列** (unitary matrix) と言う. n 次ユニタリ行列全体の集合を $\mathrm{U}(n)$ で表し，これを n **次ユニタリ群** と言う. さらに $\mathrm{SU}(n) = \mathrm{U}(n) \cap \mathrm{SL}_n(\mathbb{C})$ とおき，これを n **次特殊ユニタリ群** と言う.

$\mathrm{U}(n)$ は $\mathrm{GL}_n(\mathbb{C})$ の部分群であり，$\mathrm{SU}(n)$ は $\mathrm{U}(n)$ の部分群である.

命題 7.4　(1) ユニタリ行列 U に対し，$|\det(U)| = 1$.

(2) $U \in \mathrm{M}_n(\mathbb{C})$ に対し，U がユニタリ行列であることは，

- 任意の $z, w \in \mathbb{C}^n$ に対して $\langle Uz, Uw \rangle = \langle z, w \rangle$ であること

に同値である.

(3) 任意の $U \in \mathrm{U}(n)$, $X, Y \in \mathrm{M}_n(\mathbb{C})$ に対し，$X' = UXU^{-1}$, $Y' = UYU^{-1}$ とおくと，$\mathrm{tr}(X'^* Y') = \mathrm{tr}(X^* Y)$.

7.1.3 エルミート行列

定義 7.2　複素数を成分とする n 次正方行列 $A \in \mathrm{M}_n(\mathbb{C})$ で $A^* = A$ をみたすものを **エルミート行列** と言う.

エルミート行列全体から成る $M_n(\mathbb{C})$ の部分集合を H_n で表す. トレースが 0 のエルミート行列全体から成る部分集合を H_n^0 で表す. すなわち,

$$H_n = \{X \in M_n(\mathbb{C}) \mid X^* = X\},$$
$$H_n^0 = \{X \in M_n(\mathbb{C}) \mid X^* = X,\ \mathrm{tr}(X) = 0\}.$$

命題 7.5 (1) $U \in U(n)$, $X \in H_n$ ならば, $U X U^{-1} \in H_n$.

(2) $U \in U(n)$, $X \in H_n^0$ ならば, $U X U^{-1} \in H_n^0$.

7.2 SU(2) と SO(3)

7.2.1 スピン行列

任意の $U \in U(2)$, $X \in H_2^0$ に対し, $U X U^{-1} \in H_2^0$ である.

行列 $A = \begin{bmatrix} z & z' \\ w & w' \end{bmatrix} \in M_2(\mathbb{C})$ が H_2^0 に属する, すなわちトレース 0 のエルミート行列となるための必要十分条件は,

$$z \in \mathbb{R}, \quad z' = \bar{w}, \quad z + w' = 0$$

である. よって,

$$\sigma_1 = \begin{bmatrix} 0 & 1 \\ 1 & 0 \end{bmatrix}, \quad \sigma_2 = \begin{bmatrix} 0 & -i \\ i & 0 \end{bmatrix}, \quad \sigma_3 = \begin{bmatrix} 1 & 0 \\ 0 & -1 \end{bmatrix}$$

とおくと,

$$H_2^0 = \{x_1\,\sigma_1 + x_2\,\sigma_2 + x_3\,\sigma_3 \mid x_1,\, x_2,\, x_3 \in \mathbb{R}\}$$

と書ける.

エルミート行列 σ_j $(j = 1, 2, 3)$ を, パウリ (Pauli) の**スピン行列**と言う. これは

$$\sigma_1\,\sigma_2 = i\,\sigma_3, \quad \sigma_2\,\sigma_3 = i\,\sigma_1, \quad \sigma_3\,\sigma_1 = i\,\sigma_2$$

$$\sigma_1\,\sigma_2 - \sigma_2\,\sigma_1 = 2\,i\,\sigma_3, \quad \sigma_2\,\sigma_3 - \sigma_3\,\sigma_2 = 2\,i\,\sigma_1, \quad \sigma_3\,\sigma_1 - \sigma_1\,\sigma_3 = 2\,i\,\sigma_2$$

をみたす.

任意の $X, Y \in \mathrm{H}_2^0$ に対し, $i\,(X\,Y - Y\,X) \in \mathrm{H}_2^0$.

$X, Y \in \mathrm{H}_2^0$ に対し, $\langle X, Y \rangle = \dfrac{1}{2}\,\mathrm{tr}(X\,Y)$ とおくと,

(1) $\langle \sigma_j, \sigma_k \rangle = \delta_{j,\,k}$

(2) 任意の $U \in \mathrm{U}(2)$ に対し, $\langle U\,X\,U^{-1}, U\,Y\,U^{-1} \rangle = \langle X, Y \rangle$.

写像 $\varphi \colon \mathrm{H}_2^0 \to \mathbb{R}^3$ を

$$\varphi(x_1\,\sigma_1 + x_2\,\sigma_2 + x_3\,\sigma_3) = \begin{bmatrix} x_1 \\ x_2 \\ x_3 \end{bmatrix}$$

によって定義すると,

(1) φ は 1 対 1 対応である.

(2) $\varphi(\sigma_j) = e_j\ (j = 1, 2, 3)$.

(3) 任意の $X, Y \in \mathrm{H}_2^0$ に対し, $\langle \varphi(X), \varphi(Y) \rangle = \langle X, Y \rangle$.

(4) 任意の $X, Y \in \mathrm{H}_2^0$ に対し, $\varphi(X) \times \varphi(Y) = \varphi\left(\dfrac{1}{2\,i}\,(X\,Y - Y\,X)\right)$.

7.2.2 SU(2) と SO(3)

複素数を成分とする 2 次正方行列 $\begin{bmatrix} z & z' \\ w & w' \end{bmatrix}$ が SU(2) に属するための
必要十分条件は,

$$z\,w' - w\,z' = 1, \quad \begin{bmatrix} \bar{z} & \bar{w} \\ \bar{z'} & \bar{w'} \end{bmatrix} = \begin{bmatrix} w' & -z' \\ -w & z \end{bmatrix}$$

である. よって,

$$\mathrm{SU}(2) = \{ \begin{bmatrix} z & -\bar{w} \\ w & \bar{z} \end{bmatrix} \mid |z|^2 + |w|^2 = 1 \}$$

となり, $\mathrm{SU}(2)$ が $\mathbb{C}^2 = \mathbb{R}^4$ の中の 3 次元球面と同一視されることがわかる.

定義 7.3 $U \in \mathrm{U}(2)$ に対し, $\rho_{i,j}(U) \in \mathbb{R}$ $(i, j \in \{1, 2, 3\})$ を

$$U \sigma_j U^{-1} = \sum_{i=1}^{3} \rho_{i,j}(U) \sigma_i$$

で定義し, $\rho(U) = [\rho_{i,j}(U)] \in \mathrm{M}_3(\mathbb{R})$ とおく.

定理 7.2 (1) 任意の $U \in \mathrm{U}(2)$, $X \in \mathrm{H}_2^0$ に対し, $\varphi(U X U^{-1}) = \rho(U)\, \varphi(X)$.

(2) 任意の $U \in \mathrm{U}(2)$ に対し, $\rho(U) \in \mathrm{SO}(3)$.

(3) 写像 $\rho \colon \mathrm{U}(2) \to \mathrm{SO}(3)$ は準同型である.

(4) $\mathrm{SU}(2) \subset \mathrm{U}(2)$ への制限 $\rho \colon \mathrm{SU}(2) \to \mathrm{SO}(3)$ は全射である.

(5) $\rho \colon \mathrm{SU}(2) \to \mathrm{SO}(3)$ に対し, $\mathrm{Ker}(\rho) = \{E, -E\}$.

(6) $U, U' \in \mathrm{SU}(2)$ に対し, $\rho(U) = \rho(U')$ ならば, $U' = \pm U$.

定義 7.4 正多面体群 $G_R \subset \mathrm{SO}(3)$ と準同型 $\rho \colon \mathrm{SU}(2) \to \mathrm{SO}(3)$ に対し, $\mathrm{SU}(2)$ の部分群 $U_R = \rho^{-1}(G_R)$ を **二項正多面体群** と言う.

全射準同型 $\rho \colon U_R \to G_R$ の核は $\{E, -E\}$. である. 準同型定理 (定理 12.1) より, 剰余群 $U_R/\{E, -E\}$ は G_R に同型である. 特に, $|U_R| = 2|G_R|$.

写像 $\rho \colon \mathrm{SU}(2) \to \mathrm{SO}(3)$ は, トポロジーの観点からも興味深い対象である.

演習問題

(1) $P = \begin{bmatrix} \cos\theta & -\sin\theta \\ \sin\theta & \cos\theta \end{bmatrix}$, $U = \begin{bmatrix} e^{i\varphi} & 0 \\ 0 & e^{-i\varphi} \end{bmatrix} \in SU(2)$ および $j = 1, 2, 3$ に対し, $P\sigma_j P^{-1}$, $U\sigma_j U^{-1}$ を計算せよ.

(2) さらに, $\rho(P), \rho(U)$ を求めよ.

略解

(1) $P\sigma_1 P^{-1} = \cos(2\theta)\cdot\sigma_1 - \sin(2\theta)\cdot\sigma_3, \quad P\sigma_2 P^{-1} = \sigma_2,$

$P\sigma_3 P^{-1} = \sin(2\theta)\cdot\sigma_1 + \cos(2\theta)\cdot\sigma_3.$

$U\sigma_1 U^{-1} = \cos(2\varphi)\cdot\sigma_1 - \sin(2\varphi)\cdot\sigma_2,$

$U\sigma_2 U^{-1} = \sin(2\varphi)\cdot\sigma_1 + \cos(2\varphi)\cdot\sigma_2, \quad U\sigma_3 U^{-1} = \sigma_3.$

(2) $\rho(P) = \begin{bmatrix} \cos(2\theta) & 0 & \sin(2\theta) \\ 0 & 1 & 0 \\ -\sin(2\theta) & 0 & \cos(2\theta) \end{bmatrix}$, $\rho(U) = \begin{bmatrix} \cos(2\varphi) & \sin(2\varphi) & 0 \\ -\sin(2\varphi) & \cos(2\varphi) & 0 \\ 0 & 0 & 1 \end{bmatrix}$.

8 | 立体射影と複素射影直線

球面上の点に複素数を対応させる．これによって，正多面体の話を複素数の話に翻訳することができるようになる．

《キーワード》 立体射影，リーマン球面，同値関係，同値類，複素射影直線，作用

8.1 立体射影

8.1.1 円上の立体射影

$x_1 x_2$ 平面上の円 $S^1 = \{x = (x_1, x_2) \in \mathbb{R}^2 \mid x_1{}^2 + x_2{}^2 = 1\}$ と x_1 軸 $l = \{(x_1, 0) \mid x_1 \in \mathbb{R}\}$ を考える．

円 S^1 上の点 $x = (x_1, x_2) \neq (0, -1)$ に対し，$(0, -1)$ と x を通る直線と l の交点を $(\varphi(x), 0)$ とすると，

$$\varphi(x) = \frac{x_1}{1 + x_2}$$

となる．これは 1 対 1 対応 $\varphi\colon S^1 \smallsetminus \{(0, -1)\} \to \mathbb{R}$ を与える．この 1 対 1 対応を，円 S^1 上の **立体射影** とよぶ．

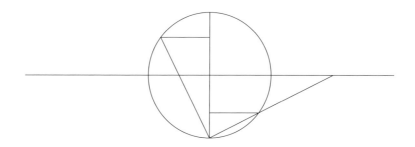

写像 $y = \varphi(x)$ の逆写像は,

$$y^2 = \frac{{x_1}^2}{(1+x_2)^2} = \frac{1-{x_2}^2}{(1+x_2)^2} = \frac{1-x_2}{1+x_2}$$

より,

$$\varphi^{-1}(y) = \left(\frac{2\,y}{1+y^2}, \ \frac{1-y^2}{1+y^2} \right) \quad (y \in \mathbb{R})$$

で与えられる.

集合 $\mathbb{R}$ に点 ∞ をつけくわえ, $\varphi(0, -1) = \infty$ とすることにより, 1 対 1 対応

$$\varphi\colon S^1 \to \mathbb{R} \cup \{\infty\}$$

が得られる. 「∞ とは何か」と思うかも知れないが, 思わせぶりな記号を使っただけで, ただの元である. この元を **無限遠点** とよぶ.

円 S^1 上の点と直線 l 上の点（あるいは無限遠点）の間の 1 対 1 対応の仲立ちをしたのは, 点 $(0, -1)$ を通る直線全体の集合である. 平面上の 1 点に対し, これを通る直線全体の集合は **射影直線** と名づけられている.

また, S^1 上の点 $x = (x_1, x_2) \neq (0, 1)$ に対し, $(0, 1)$ と x を通る直線と l の交点を $(\varphi_\infty(x), 0)$ とすると,

$$\varphi_\infty(x) = \frac{x_1}{1-x_2}$$

となる．こちらも1対1対応 $\varphi_\infty \colon S^1 \smallsetminus \{(0,\,1)\} \to \mathbb{R}$ を与える．また

$$\varphi_\infty(0,\,-1) = 0, \quad \varphi(0,\,1) = 0$$

であり，$x \neq (0,\,\pm1)$ に対し，$\varphi_\infty(x) = \dfrac{1}{\varphi(x)}$ である．写像

$$\varphi_\infty \circ \varphi^{-1} \colon \mathbb{R} \smallsetminus \{0\} \to \mathbb{R} \smallsetminus \{0\}, \quad \varphi_\infty \circ \varphi^{-1}(y) = \dfrac{1}{y}$$

は1対1対応である．

円 S^1 上に，2つの1対1対応

$$\varphi \colon S^1 \smallsetminus \{(0,\,-1)\} \to \mathbb{R}, \quad \varphi_\infty \colon S^1 \smallsetminus \{(0,\,1)\} \to \mathbb{R}$$

を与えた．

写像 φ を用いて，$S^1 \smallsetminus \{(0,\,-1)\}$ 上の点 x の位置を実数 $\varphi(x)$ で表すことができる．また，写像 φ_∞ を用いると，$S^1 \smallsetminus \{(0,\,1)\}$ 上の点 x の位置を実数 $\varphi_\infty(x)$ で表すことができる．

写像 $\varphi,\ \varphi_\infty$ は S^1 全体の上で定義されたものではない．しかし，$\varphi,\ \varphi_\infty$ の定義域を合わせれば S^1 全体をおおっている．これらを S^1 上の **局所座標系** とよぶ．

実数の間の1対1対応

$$\varphi_\infty \circ \varphi^{-1} \colon \mathbb{R} \smallsetminus \{0\} \to \mathbb{R} \smallsetminus \{0\}, \quad \varphi_\infty \circ \varphi^{-1}(x) = \dfrac{1}{x}$$

を局所座標系 $\varphi,\ \varphi_\infty$ の間の **座標変換** と言う．

このあたりをもっとちゃんとやると，**多様体** のお話になる．

8.1.2 球面上の立体射影

球面 $S^2 = \{x = (x_1,\,x_2,\,x_3) \in \mathbb{R}^2 \mid x_1{}^2 + x_2{}^2 + x_3{}^2 = 1\}$ と平面 $M = \{(x_1,\,x_2,\,0) \mid x_1,\,x_2 \in \mathbb{R}\}$ を考える．

$\mathbb{R}^3$ 上の点 (x_1, x_2, x_3) に $(x_1 + i\,x_2, x_3)$ を対応させることにより，$\mathbb{R}^3$ を $\mathbb{C} \times \mathbb{R}$ と同一視する.

球面 S^2 上の点 $x = (x_1, x_2, x_3) \neq (0, 0, -1)$ に対し，$(0, 0, -1)$ と x を通る直線と M の交点を $(\varphi(x), 0) \in \mathbb{C} \times \mathbb{R} = \mathbb{R}^3$ とすると，

$$\varphi(x) = \frac{x_1 + i\,x_2}{1 + x_3}$$

となる. これは 1 対 1 対応 $\varphi\colon S^2 \smallsetminus \{(0, 0, -1)\} \to \mathbb{C}$ を与える. 1 対 1 対応 φ を球面上の **立体射影** と言う.

$z = \varphi(x)$ の逆写像は，

$$\bar{z}\,z = \frac{x_1{}^2 + x_2{}^2}{(1 + x_3)^2} = \frac{1 - x_3{}^2}{(1 + x_3)^2} = \frac{1 - x_3}{1 + x_3}$$

より，

$$\varphi^{-1}(z) = \left(\frac{2\,z}{1 + |z|^2},\, \frac{1 - |z|^2}{1 + |z|^2} \right) \quad (z \in \mathbb{C})$$

で与えられる.

集合 $\mathbb{C}$ に点 ∞ をつけくわえ，$\varphi(0, 0, -1) = \infty$ とすることにより，1 対 1 対応

$$\varphi\colon S^2 \to \mathbb{C} \cup \{\infty\}$$

が得られる.

また，写像 $\varphi_\infty\colon S^2 \smallsetminus \{(0, 0, 1)\} \to \mathbb{C}$ を

$$\varphi_\infty(x) = \frac{x_1 - i\,x_2}{1 - x_3}.$$

で定義すると，こちらも 1 対 1 対応である. このとき，

$$\varphi_\infty(0, 0, -1) = 0, \quad \varphi(0, 0, 1) = 0$$

であり，S^2 上の点 $x \neq (0, 0, \pm1)$ に対し，$\varphi_\infty(x) = \dfrac{1}{\varphi(x)}$ であって，写像

$$\varphi_\infty \circ \varphi^{-1} : \mathbb{C} \smallsetminus \{0\} \to \mathbb{C} \smallsetminus \{0\}, \quad \varphi_\infty \circ \varphi^{-1}(z) = \frac{1}{z}$$

は 1 対 1 対応である．

球面 S^2 上に，2 つの 1 対 1 対応

$$\varphi : S^2 \smallsetminus \{(0, 0, -1)\} \to \mathbb{C}, \quad \varphi_\infty : S^2 \smallsetminus \{(0, 0, 1)\} \to \mathbb{C}$$

を与えた．

写像 φ を用いて，$S^2 \smallsetminus \{(0, 0, -1)\}$ 上の点 x の位置を複素数 $\varphi(x)$ で表すことができる．また，写像 φ_∞ を用いると，$S^2 \smallsetminus \{(0, 0, 1)\}$ 上の点 x の位置を複素数 $\varphi_\infty(x)$ で表すことができる．

写像 φ, φ_∞ は S^2 全体の上で定義されたものではない．しかし，φ, φ_∞ の定義域を合わせれば S^2 全体をおおっている．これらを S^2 上の **局所座標系** とよぶ．

複素数の間の 1 対 1 対応

$$\varphi_\infty \circ \varphi^{-1} : \mathbb{C} \smallsetminus \{0\} \to \mathbb{C} \smallsetminus \{0\}, \quad \varphi_\infty \circ \varphi^{-1}(z) = \frac{1}{z}$$

を局所座標系 φ, φ_∞ の間の **座標変換** と言う．

球面 S^2 に，複素数の座標系

$$\varphi : S^2 \smallsetminus \{(0, 0, -1)\} \to \mathbb{C}, \quad \varphi_\infty : S^2 \smallsetminus \{(0, 0, 1)\} \to \mathbb{C}$$

を与えたものを **リーマン球面** (Riemann sphere) と言う．これを $\mathbb{C} \cup \{\infty\}$ と同一視することもある．

写像 φ, φ_∞ は S^2 全体の上で定義された座標系ではない．これらを **局所座標系** とよぶ．しかし，φ, φ_∞ の定義域を合わせれば S^2 全体をおおっている．

1 対 1 対応

$$\varphi_\infty \circ \varphi^{-1} \colon \mathbb{C} \smallsetminus \{0\} \to \mathbb{C} \smallsetminus \{0\}, \quad \varphi_\infty \circ \varphi^{-1}(z) = \frac{1}{z}$$

を局所座標系 φ, φ_∞ の間の **座標変換** と言う.

8.2 複素射影直線

8.2.1 複素数の比

複素数の組 $(\zeta_0, \zeta_1),\ (\eta_0, \eta_1) \neq (0, 0)$ に対し，ζ_0, ζ_1 **の比と** η_0, η_1 **の比が等しい** とは，$\zeta_0 \eta_1 = \zeta_1 \eta_0$ であることとする．この条件は，

- $c \in \mathbb{C}^\times$ が存在して，$\eta_0 = c\zeta_0,\ \eta_1 = c\zeta_1$ となること

に同値である．

この条件を $(\zeta_0, \zeta_1) \sim (\eta_0, \eta_1)$ で表す．$\mathbb{C}^2 \smallsetminus \{(0, 0)\}$ の 2 つの元の間の関係 $\sim$ は **同値関係** である．すなわち，次をみたす．

(1) (反射律) $(\zeta_0, \zeta_1) \sim (\zeta_0, \zeta_1)$

(2) (対称律) $(\zeta_0, \zeta_1) \sim (\eta_0, \eta_1)$ ならば $(\eta_0, \eta_1) \sim (\zeta_0, \zeta_1)$

(3) (推移律) $(\zeta_0, \zeta_1) \sim (\eta_0, \eta_1)$ かつ $(\eta_0, \eta_1) \sim (\theta_0, \theta_1)$ ならば，$(\zeta_0, \zeta_1) \sim (\theta_0, \theta_1)$

$(\zeta_0, \zeta_1),\ (\eta_0, \eta_1)$ の比が等しいこと，すなわち $(\zeta_0, \zeta_1) \sim (\eta_0, \eta_1)$ であることを，

$$[\zeta_0 : \zeta_1] = [\eta_0 : \eta_1]$$

と書いてみよう．

比 $[\zeta_0 : \zeta_1]$ 全体の集合を $\mathrm{P}^1(\mathbb{C})$ で表す．これを **複素射影直線** と言う．

ここで，$X = \mathbb{C}^2 \smallsetminus \{(0, 0)\}$ 上の同値関係 $\sim$ を考えた．このとき，比の集合 $\mathrm{P}^1(\mathbb{C})$ は商集合 $X/\sim$ として構成される．

8.2.2 リーマン球面と複素射影直線

写像 $\psi_0\colon \mathrm{P}^1(\mathbb{C}) \smallsetminus \{[0:1]\} \to \mathbb{C}$, $\psi_1\colon \mathrm{P}^1(\mathbb{C}) \smallsetminus \{[1:0]\} \to \mathbb{C}$ を

$$\psi_0([\zeta_0 : \zeta_1]) = \frac{\zeta_1}{\zeta_0}, \quad \psi_1([\zeta_0 : \zeta_1]) = \frac{\zeta_0}{\zeta_1}$$

で定義する. ψ_0, ψ_1 はいずれも 1 対 1 対応である.

写像 $F\colon \mathrm{P}^1(\mathbb{C}) \to S^2 \subset \mathbb{R}^3 = \mathbb{C} \times \mathbb{R}$ を

$$
\begin{aligned}
F([\zeta_0 : \zeta_1]) &= \left(\frac{\zeta^* \sigma_1 \zeta}{\zeta^* \zeta}, \frac{\zeta^* \sigma_2 \zeta}{\zeta^* \zeta}, \frac{\zeta^* \sigma_3 \zeta}{\zeta^* \zeta} \right) \quad \left(\zeta = \begin{bmatrix} \zeta_0 \\ \zeta_1 \end{bmatrix} \right) \\
&= \left(\frac{\bar{\zeta_1} \zeta_0 + \bar{\zeta_0} \zeta_1}{|\zeta_0|^2 + |\zeta_1|^2}, \frac{i\bar{\zeta_1} \zeta_0 - i\bar{\zeta_0} \zeta_1}{|\zeta_0|^2 + |\zeta_1|^2}, \frac{|\zeta_0|^2 - |\zeta_1|^2}{|\zeta_0|^2 + |\zeta_1|^2} \right) \\
&= \left(\frac{2\bar{\zeta_0} \zeta_1}{|\zeta_0|^2 + |\zeta_1|^2}, \frac{|\zeta_0|^2 - |\zeta_1|^2}{|\zeta_0|^2 + |\zeta_1|^2} \right)
\end{aligned}
$$

で定義することができる. すなわち, $c \in \mathbb{C}^\times$ に対し, (ζ_0, ζ_1) を $(c\zeta_0, c\zeta_1)$ に置き換えても右辺は変わらない. このとき $F\colon \mathrm{P}^1(\mathbb{C}) \to S^2$ は 1 対 1 対応である. さらに,

$$F([0:1]) = (0, 0, 1), \quad F([1:0]) = (0, 0, -1)$$

であり,

$$F({\psi_0}^{-1}(z)) = \left(\frac{2z}{1 + |z|^2}, \frac{1 - |z|^2}{1 + |z|^2} \right) = \varphi^{-1}(z) \quad (z \in \mathbb{C})$$

より,

$$\psi_0 = \varphi \circ F, \quad \psi_1 = \varphi_\infty \circ F$$

である.

$[\zeta_0 : \zeta_1] \neq [0:1], [1:0]$ に対し,

$$\psi_1([\zeta_0 : \zeta_1]) = \frac{1}{\psi_0([\zeta_0 : \zeta_1])}$$

が成り立つ．すなわち，1 対 1 対応 $F\colon \mathrm{P}^1(\mathbb{C}) \to S^2$ により，複素射影直線 $\mathrm{P}^1(\mathbb{C})$ および局所座標系

$$\psi_0\colon \mathrm{P}^1(\mathbb{C}) \smallsetminus \{[0:1]\} \to \mathbb{C}, \quad \psi_1\colon \mathrm{P}^1(\mathbb{C}) \smallsetminus \{[1:0]\} \to \mathbb{C}$$

のこともリーマン球面と見ることができる．

8.2.3 行列と比

$P \in \mathrm{GL}_2(\mathbb{C})$ と $[\zeta_0 : \zeta_1] \in \mathrm{P}^1(\mathbb{C})$ に対し，

$$\begin{bmatrix} \eta_0 \\ \eta_1 \end{bmatrix} = P \begin{bmatrix} \zeta_0 \\ \zeta_1 \end{bmatrix} \tag{8.1}$$

により，点 $[\eta_0 : \eta_1] \in \mathrm{P}^1(\mathbb{C})$ が無事に定義される (well-defined)．

このとき確かめなければならないのは，

$$[\zeta_0' : \zeta_1'] = [\zeta_0 : \zeta_1], \quad \begin{bmatrix} \eta_0' \\ \eta_1' \end{bmatrix} = P \begin{bmatrix} \zeta_0' \\ \zeta_1' \end{bmatrix}$$

であるとき，$[\eta_0' : \eta_1'] = [\eta_0 : \eta_1]$ となることである．

つまり，同値類 $[\zeta_0 : \zeta_1]$ に対して決まると期待されるもの $[\eta_0 : \eta_1]$ を，まず代表元 (ζ_0, ζ_1) に対して構成し，それが代表元の取り方に依存しないことを示す，という議論が必要である．

証明してみよう．仮定より，$c \in \mathbb{C}^\times$ が存在して $\zeta_0' = c\zeta_0$, $\zeta_1' = c\zeta_1$ となる．ゆえに，

$$\begin{bmatrix} \eta_0' \\ \eta_1' \end{bmatrix} = P \begin{bmatrix} c\zeta_0 \\ c\zeta_1 \end{bmatrix} = cP \begin{bmatrix} \zeta_0 \\ \zeta_1 \end{bmatrix} = \begin{bmatrix} c\eta_0 \\ c\eta_1 \end{bmatrix}.$$

よって $[\eta_0' : \eta_1'] = [\eta_0 : \eta_1]$ が言えた．

このような議論は，数学のありとあらゆる場面で出てくる．

無限遠点 ∞ を適切に解釈すれば，$P = \begin{bmatrix} a & b \\ c & d \end{bmatrix}$ と $w = \dfrac{\eta_0}{\eta_1}$, $z = \dfrac{\zeta_0}{\zeta_1} \in$ $\mathbb{C} \cup \{\infty\}$ に対し，

$$w = \frac{a\,z + b}{c\,z + d}$$

と書くことができる．

8.3 正多面体群の作用

8.3.1 群の作用

定義 8.1　群 G と集合 X, および写像 $\alpha\colon G \times X \to X$, $(g, x) \mapsto g \cdot x = g\,x$ に対し，

(1) $g_1\,(g_2\,x) = (g_1\,g_2)\,x$
(2) $e\,x = x$

が成り立つとき，G が X に **左から作用する** と言い，α を G の X 上の **左作用** と言い，X を **左 G 集合** と言う．

『左』を略すこともある．

例 8.1　(1) $g \cdot x = x$ により G は X に作用する．これを **自明な作用** と言う．
(2) 直交群 $\mathrm{O}(n)$ は球面 S^{n-1} に作用する．
(3) 群 G とその部分群 H に対し，G は商集合 G/H に左から作用する．
(4) 等式 (8.1) により，群 $\mathrm{GL}_2(\mathbb{C})$ は $\mathrm{P}^1(\mathbb{C})$ に作用する．

1 対 1 対応

$$\psi_1 \colon P^1(\mathbb{C}) \to \mathbb{C} \cup \{\infty\}, \quad \psi_1([\zeta_0 : \zeta_1]) = \begin{cases} \dfrac{\zeta_0}{\zeta_1} & [\zeta_0 : \zeta_1] \neq [1 : 0] \\ \infty & [\zeta_0 : \zeta_1] = [1 : 0] \end{cases}$$

によって, 群 $\mathrm{GL}_2(\mathbb{C})$ の $P^1(\mathbb{C})$ への作用を $\mathbb{C} \cup \{\infty\}$ への作用に書き直す. すなわち, $g = \begin{bmatrix} a & b \\ c & d \end{bmatrix}$ と $z \in \mathbb{C} \cup \{\infty\}$ に対し,

$$g \cdot [\zeta_0 : \zeta_1] = [a\,\zeta_0 + b\,\zeta_1 : c\,\zeta_0 + d\,\zeta_1], \quad z = \psi_1([\zeta_0 : \zeta_1]) = \frac{\zeta_0}{\zeta_1}$$

から,

$$g \cdot z = \psi_1(g \cdot [\zeta_0 : \zeta_1]) = \frac{a\,\zeta_0 + b\,\zeta_1}{c\,\zeta_0 + d\,\zeta_1} = \frac{a\,z + b}{c\,z + d}$$

が得られる. 分母が 0 になる場合は別に扱う必要があるが, 正当化は容易である.

　群 $G = \mathrm{GL}_2(\mathbb{C})$ の部分群

$$D = \{ \begin{bmatrix} c & 0 \\ 0 & c \end{bmatrix} \mid c \in \mathbb{C}^{\times} \}$$

は正規部分群である. また, $g \in D$ と $z \in \mathbb{C} \cup \{\infty\}$ に対し, $g \cdot z = z$ である. このことから, 剰余群 G/D が $\mathbb{C} \cup \{\infty\} = P^1(\mathbb{C})$ に作用することが言える.

8.3.2 複素射影直線と球面

　群 G が集合 X に作用しているとする. 準同型 $\varphi \colon G' \to G$ に対し,

$$g'\,x = \varphi(g')\,x \quad (g' \in G',\ x \in X)$$

により, G' の X 上の作用が定義される. これを φ によって **誘導される**作用と言う.

包含写像 $\mathrm{SU}(2) \to \mathrm{GL}_2(\mathbb{C})$ は $\mathrm{SU}(2)$ の $\mathrm{P}^1(\mathbb{C})$ への作用を誘導する.

定義 7.3 の全射準同型 $\rho\colon \mathrm{SU}(2) \to \mathrm{SO}(3)$ は,$\mathrm{SU}(2)$ の S^2 への作用を誘導する.

命題 8.2　写像 $F\colon \mathrm{P}^1(\mathbb{C}) \to S^2$ を

$$F([\zeta_0 : \zeta_1]) = \frac{1}{\zeta^* \zeta} \begin{bmatrix} \zeta^* \sigma_1 \zeta \\ \zeta^* \sigma_2 \zeta \\ \zeta^* \sigma_3 \zeta \end{bmatrix} \quad (\zeta = \begin{bmatrix} \zeta_0 \\ \zeta_1 \end{bmatrix})$$

と定義するとき,任意の $U \in \mathrm{SU}(2)$ に対し,

$$F(U[\zeta_0 : \zeta_1]) = \rho(U)\, F([\zeta_0 : \zeta_1])$$

が成り立つ.

証明

$$F(U[\zeta_0 : \zeta_1]) = \frac{1}{\zeta^* \zeta} \begin{bmatrix} \zeta^* U^* \sigma_1 U \zeta \\ \zeta^* U^* \sigma_2 U \zeta \\ \zeta^* U^* \sigma_3 U \zeta \end{bmatrix}$$

$$= \sum_{j=1}^{3} \frac{1}{\zeta^* \zeta} \begin{bmatrix} \rho_{j,1}(U^{-1})\, \zeta^* \sigma_j \zeta \\ \rho_{j,2}(U^{-1})\, \zeta^* \sigma_j \zeta \\ \rho_{j,3}(U^{-1})\, \zeta^* \sigma_j \zeta \end{bmatrix}$$

$$= \sum_{j=1}^{3} \frac{1}{\zeta^* \zeta} \begin{bmatrix} \rho_{1,j}(U)\, \zeta^* \sigma_j \zeta \\ \rho_{2,j}(U)\, \zeta^* \sigma_j \zeta \\ \rho_{3,j}(U)\, \zeta^* \sigma_j \zeta \end{bmatrix}$$

$$= \rho(U)\, F([\zeta_0 : \zeta_1]).$$

□

この 1 対 1 対応 $F\colon \mathrm{P}^1(\mathbb{C}) \to S^2$ は量子力学に現れ，電子の磁気的自由度（スピン）を記述する．

8.3.3 正多面体群と軌道

定義 8.2　(1) 群 G が集合 X に作用しているとする．点 $x \in X$ に対し，

$$G \cdot x = \{g\,x \mid g \in G\} \subset X$$

を，x を含む G **軌道** (orbit) と言う．

(2) 写像 $G \to G \cdot x,\ g \mapsto g\,x$ が 1 対 1 対応であるとき，$G \cdot x$ を **自由 G 軌道** と言う．

球面 S に内接する正多面体 R に対し，正多面体群 G_R は球面 S に作用する．その軌道について次が成り立つ．

定理 8.1　球面 S 上の点 x が正多面体 R の頂点・辺の中点の射影・面の中心の射影のいずれでもないならば，$G_R \cdot x$ は自由軌道である．

この定理は後で重要な役割を果たす．

二項正多面体群 U_R は $\mathrm{SU}(2)$ の部分群なので，$\mathrm{P}^1(\mathbb{C})$ に作用する．U_R の正規部分群 $\{E, -E\}$ の作用は自明なので，剰余群 $U_R/\{E, -E\}$ の $\mathrm{P}^1(\mathbb{C})$ への作用が得られる．準同型定理により，$U_R/\{E, -E\}$ を正多面体群 G_R と同一視すると，G_R が $\mathrm{P}^1(\mathbb{C})$ に作用する．1 対 1 対応 $F\colon \mathrm{P}^1(\mathbb{C}) \to S^2$ によって，これを G_R の S^2 への作用と見ると，これは $\mathrm{SO}(3)$ の部分群としての作用に一致している．

演習問題

(1) 立体射影 $\varphi\colon S^1 \to \mathbb{R}\cup\{\infty\}$, $(x_1, x_2) \mapsto \dfrac{x_1}{1+x_2}$ に対し, $\varphi(\sin\theta, \cos\theta)$ を計算せよ.

(2) $y = \varphi_\infty(x_1, x_2) = \dfrac{x_1}{1-x_2}$ の逆写像を求めよ.

(3) 正多面体群 G_R の外接球面 S への作用に対し, 点 $x_a \in R_S{}^a$ ($a = 0, 1, 2$) の軌道の点の個数 $|G_R \cdot x_a|$ を求めよ.

略解

(1) $\varphi(\sin\theta, \cos\theta) = \tan\dfrac{\theta}{2}$.

(2) $(x_1, x_2) = \varphi_\infty{}^{-1}(y) = \left(\dfrac{2y}{1+y^2}, -\dfrac{1-y^2}{1+y^2} \right)$

(3) (a) 正 4 面体の場合, $|G_R \cdot x_0| = 4$, $|G_R \cdot x_1| = 6$, $|G_R \cdot x_2| = 4$.

    (b) 正 8 面体の場合, $|G_R \cdot x_0| = 6$, $|G_R \cdot x_1| = 12$, $|G_R \cdot x_2| = 8$.

    (c) 正 20 面体の場合, $|G_R \cdot x_0| = 12$, $|G_R \cdot x_1| = 30$, $|G_R \cdot x_2| = 20$.

9 | 正8面体多項式

正 8 面体の頂点・辺の中点・面の中心に対応する外接球面上の点を複素数平面に立体射影して，それらを根とする多項式を求める．

《**キーワード**》正 8 面体，頂点・辺・面，多項式

9.1 正多面体の立体射影

半径 1 の球面 $S = \{x \in \mathbb{R}^3 \mid \langle x, x \rangle = 1\}$ に内接する正多面体 R に対し，S の中心から，辺の中点と面の中心を S へ射影する．以下，それぞれを S に射影したものも辺の中点・面の中心とよぶ．頂点の集合，辺の中点の集合，面の中心の集合を，それぞれ $R_S{}^0$，$R_S{}^1$，$R_S{}^2$ で表し，$I \subset \{0, 1, 2\}$，$I \neq \varnothing$ に対し，

$$R_S{}^I = \bigcup_{a \in I} R_S{}^a, \quad R_S = R_S{}^{\{0, 1, 2\}} = R_S{}^0 \cup R_S{}^1 \cup R_S{}^2$$

とおく．

立体射影 $\varphi \colon S \smallsetminus \{(0, 0, -1)\} \to \mathbb{C}$ を

$$\varphi(x) = \varphi(x_1, x_2, x_3) = \frac{x_1 + i\, x_2}{1 + x_3}$$

で定義する．このとき，

$$\varphi(\sin\theta, 0, \cos\theta) = \tan\frac{\theta}{2}$$

となる．さらにこれを，$\varphi(0, 0, -1) = \infty$ によって，1 対 1 対応

$$\varphi \colon S \to \mathbb{C} \cup \{\infty\}$$

に拡張しておく.

さらに次の条件を仮定する.

(1) $0, \infty \in \varphi(R_S)$.

(2) $\varphi(R_S)$ は偏角が 2π の有理数倍である点を含む.

この章と次章では, $\varphi(R_S{}^I) \smallsetminus \{\infty\} \subset \mathbb{C}$ の点を根とする多項式 $F_R{}^I(X)$ を求める. これらの多項式を, **正多面体多項式** とよぶことにする.

9.2 正8面体多項式

9.2.1 頂点を ∞ に立体射影する場合

最高次の項の係数が1である1変数多項式を **モニック多項式** と言う.

球面 S に内接する正8面体で, $(0, 0, \pm 1)$, $(\pm 1, 0, 0)$, $(0, \pm 1, 0)$ を頂点とするものを $R = \mathrm{Oc}(0)$ とする.

$\mathrm{Oc}(0)_S{}^0$ の点を立体射影すると,

$$\infty \quad 0, \quad i^k \quad (k = 0, 1, 2, 3)$$

となる.

$\varphi(\mathrm{Oc}(0)_S{}^0) \smallsetminus \{\infty\}$ の点を根とするモニック多項式は,

$$X(X^4 - 1) = X^5 - X$$

である. これを $F_R{}^{\{0\}}(X)$ とおく. その次数5は素数である.

$\mathrm{Oc}(0)_S{}^2$ の点は,

$$\left(\pm \frac{1}{\sqrt{3}}, \pm \frac{1}{\sqrt{3}}, \pm \frac{1}{\sqrt{3}} \right)$$

である. これを立体射影すると,

$$\frac{\sqrt{3} \pm 1}{\sqrt{2}} \left(\frac{1+i}{\sqrt{2}} \right)^k \quad (k = 1, 3, 5, 7)$$

となる.

この 8 点を根とするモニック多項式は,

$$\left(X^4 + \left(\frac{\sqrt{3}+1}{\sqrt{2}}\right)^4\right)\left(X^4 + \left(\frac{\sqrt{3}-1}{\sqrt{2}}\right)^4\right)$$
$$= (X^4 + 2\sqrt{-3}\,X^2 + 1)\,(X^4 - 2\sqrt{-3}\,X^2 + 1)$$
$$= X^8 + 7 \cdot 2\,X^4 + 1$$

である. これを $F_R{}^{\{2\}}(X)$ とおく. $8 - 1 = 7$ は素数であり, この多項式の中間項(最高次・最低次以外の項)は 7 で割り切れている.

以下, 多項式の中間項がある素数で割り切れる例を見ていく.

$\varphi(\mathrm{Oc}(0)_S{}^0 \cup \mathrm{Oc}(0)_S{}^2) \smallsetminus \{\infty\}$ の点を根とするモニック多項式は,

$$(X^5 - X)\,(X^8 + 14\,X^4 + 1)$$
$$= X^{13} + 13\,X^9 - 13\,X^5 - X$$

となる. これを $F_R{}^{\{0,\,2\}}(X)$ とおく. その次数 13 は素数であり, 中間項は 13 で割り切れている.

$\mathrm{Oc}(0)_S{}^1$ の点は,

$$\left(\pm\frac{1}{\sqrt{2}},\, 0,\, \pm\frac{1}{\sqrt{2}}\right) \quad \left(\pm\frac{1}{\sqrt{2}},\, \pm\frac{1}{\sqrt{2}},\, 0\right), \quad \left(0,\, \pm\frac{1}{\sqrt{2}},\, \pm\frac{1}{\sqrt{2}}\right)$$

である. これを立体射影すると,

$$\left(\frac{1+i}{\sqrt{2}}\right)^k \quad (k = 1,\, 3,\, 5,\, 7), \qquad (\sqrt{2} \pm 1)\,i^n \quad (n = 0,\, 1,\, 2,\, 3)$$

となる.

この 12 点を根とするモニック多項式は,

$$(X^4 + 1)\left(X^4 - (\sqrt{2}+1)^4\right)\left(X^4 - (\sqrt{2}-1)^4\right)$$
$$= X^{12} - 11 \cdot 3\,X^8 - 11 \cdot 3\,X^4 + 1$$

である. これを $F_R{}^{\{1\}}(X)$ とおく. $12-1=11$ は素数であり, $F_R{}^{\{1\}}(X)$ の中間項は 11 で割り切れている.

このとき,

$$F_R{}^{\{2\}}(X)^3 - F_R{}^{\{1\}}(X)^2 = 2^2 \, 3^3 \, F_R{}^{\{0\}}(X)^4$$

が成り立っている. よって, 写像 $\Phi_R \colon \mathbb{C} \cup \{\infty\} \to \mathbb{C} \cup \{\infty\}$ を

$$\Phi_R(z) = 2^2 \, 3^3 \, \frac{F_R{}^{\{0\}}(X)^4}{F_R{}^{\{2\}}(X)^3}$$

で定義すると,

$$\Phi_R{}^{-1}(0) = \varphi(R_S{}^0), \quad \Phi_R{}^{-1}(1) = \varphi(R_S{}^1), \quad \Phi_R{}^{-1}(\infty) = \varphi(R_S{}^2)$$

となる.

$\varphi(\mathrm{Oc}(0)_S{}^0 \cup \mathrm{Oc}(0)_S{}^1) \smallsetminus \{\infty\}$ の点を根とするモニック多項式は,

$$(X^5 - X)\,(X^{12} - 33\,X^8 - 33\,X^4 + 1)$$
$$= X^{17} - 17 \cdot 2\,X^{13} + 17 \cdot 2\,X^5 - X$$

となる. これを $F_R{}^{\{0,1\}}(X)$ とおく. 次数は素数 17 であり, 中間項は 17 で割り切れている.

$\varphi(\mathrm{Oc}(0)_S{}^1 \cup \mathrm{Oc}(0)_S{}^2)$ の点を根とするモニック多項式は,

$$(X^{12} - 33\,X^8 - 33\,X^4 + 1)\,(X^8 + 14\,X^4 + 1)$$
$$= X^{20} - 19\,X^{16} - 19 \cdot 26\,X^{12} - 19 \cdot 26\,X^8 - 19\,X^4 + 1$$

となる. これを $F_R{}^{\{1,2\}}(X)$ とおく. $20-1=19$ は素数であり, この多項式の中間項は 19 で割り切れている.

$\varphi(\mathrm{Oc}(0)_S) \smallsetminus \{\infty\}$ の点を根とするモニック多項式は,

$$(X^5 - X)(X^{12} - 33\,X^8 - 33\,X^4 + 1)(X^8 + 14\,X^4 + 1)$$
$$= X^{25} - 5 \cdot 4\,X^{21} - 5^2 \cdot 19\,X^{17} + 5^2 \cdot 19\,X^9 + 5 \cdot 4\,X^5 - X$$

となる. これを $F_R{}^{\{0,1,2\}}(X)$ とおく. その次数は素数 5 の 2 乗であり, 中間項は 5 で割り切れている.

正 8 面体 $R = \mathrm{Oc}(0)$ に対し, $R_S{}^2$ の点とこれを含む面の頂点を結ぶ弧の長さを θ_0 とおく. ベクトル $(0,0,1) \in R_S{}^0$ と $\dfrac{1}{\sqrt{3}}(1,1,1) \in R_S{}^2$ の内積は $\dfrac{1}{\sqrt{3}}$ なので,

$$\cos\theta_0 = \frac{1}{\sqrt{3}}, \quad \sin\theta_0 = \frac{\sqrt{2}}{\sqrt{3}}, \quad \tan\theta_0 = \sqrt{2}$$

を得る. 後のために

$$t_0 = \tan\frac{\theta_0}{2}, \quad t_1 = \tan\left(\frac{\pi}{4} - \frac{\theta_0}{2}\right)$$

とおくと,

$$t_0 - t_0{}^{-1} = -\sqrt{2}, \quad t_1 - t_1{}^{-1} = -2\sqrt{2}$$

である.

ベクトル $(0,0,1) \in R_S{}^0$ と $\dfrac{1}{\sqrt{2}}(1,0,1) \in R_S{}^1$ の内積は $\dfrac{1}{\sqrt{2}}$ であり, $\dfrac{1}{\sqrt{3}}(1,1,1) \in R_S{}^2$ と $\dfrac{1}{\sqrt{2}}(1,0,1) \in R_S{}^1$ の内積は $\dfrac{\sqrt{2}}{\sqrt{3}}$ である.

正 8 面体 $R = \mathrm{Oc}(0)$ の場合, 二項正 8 面体群 U_R は, $\zeta = \mathrm{e}^{\pi i/4}$ に対し,

$$\begin{bmatrix} \zeta & 0 \\ 0 & \zeta^{-1} \end{bmatrix}, \quad \begin{bmatrix} \cos\frac{\pi}{4} & -\sin\frac{\pi}{4} \\ \sin\frac{\pi}{4} & \cos\frac{\pi}{4} \end{bmatrix} = \frac{1}{2}\begin{bmatrix} \zeta + \zeta^{-1} & \zeta^2(\zeta - \zeta^{-1}) \\ -\zeta^2(\zeta - \zeta^{-1}) & \zeta + \zeta^{-1} \end{bmatrix}$$

で生成される.

112

9.2.2 面の中心を ∞ に立体射影する場合

$\omega = \mathrm{e}^{2\pi i/3} = \dfrac{-1+\sqrt{3}\,i}{2}$ とおく．これに対し，

$$\omega^2 = \dfrac{-1-\sqrt{3}\,i}{2}, \quad \omega^2+\omega+1=0, \quad \omega^3=1$$

が成り立つ．

球面 S に内接する正8面体で，$(0,0,\pm1)$ を面の中心とし，

$$\pm(\sin\theta_0,\,0,\,\cos\theta_0) = \pm\left(\dfrac{\sqrt{2}}{\sqrt{3}},\,0,\,\dfrac{1}{\sqrt{3}}\right), \quad \pm\left(-\dfrac{1}{\sqrt{6}},\,\pm\dfrac{1}{\sqrt{2}},\,\dfrac{1}{\sqrt{3}}\right)$$

を頂点とするものを $R=\mathrm{Oc}(2)$ とする．

$\mathrm{Oc}(2)_S{}^0$ の点の立体射影は，

$$t_0\,\omega^k, \quad -t_0{}^{-1}\,\omega^k \quad (k=0,1,2)$$

である．

$\varphi(\mathrm{Oc}(2)_S{}^0)$ の点を根とするモニック多項式は，

$$(X^3-t_0{}^3)(X^3+t_0{}^{-3}) = X^6-(t_0{}^3-t_0{}^{-3})X^3-1$$
$$= X^6+5\sqrt{2}\,X^3-1$$

となる．これを $F_R{}^{\{0\}}(X)$ とおく．$6-1=5$ は素数であり，この多項式の中間項は5で割り切れている．

ただしこの場合，係数に $\sqrt{2}$ が現れるので，『5で割り切れている』とはどういうことかをはっきりさせる必要がある．このことについては後の章で取り上げる．

$\mathrm{Oc}(2)_S{}^2$ の点は，

$$(0,0,\pm1), \quad \pm\left(\dfrac{2\sqrt{2}}{3},\,0,\,-\dfrac{1}{3}\right), \quad \pm\left(\dfrac{\sqrt{2}}{3},\,\pm\dfrac{\sqrt{2}}{\sqrt{3}},\,-\dfrac{1}{3}\right)$$

である. これらを立体射影すると,

$$\infty, \quad 0, \quad \sqrt{2}\,\omega^k, \quad -\frac{1}{\sqrt{2}}\,\omega^k \quad (k = 0, 1, 2)$$

となる.

$\varphi(\mathrm{Oc}(2)_S{}^2) \smallsetminus \{\infty\}$ の点を根とするモニック多項式は,

$$X\,(X^3 - \sqrt{8})\,(X^3 + \frac{1}{\sqrt{8}}) = X^7 - \frac{7}{2\sqrt{2}}\,X^4 - X$$

である. これを $\dfrac{1}{2\sqrt{2}}\,F_R{}^{\{2\}}(X)$ とおく. $F_R{}^{\{2\}}(X)$ の次数 7 は素数であり, 中間項は 7 で割り切れている.

この場合も係数に $\sqrt{2}$ がある. そして素数 7 は, $\sqrt{2}$ を用いると,

$$7 = (3 + \sqrt{2})\,(3 - \sqrt{2})$$

のように分解される.

$\mathrm{Oc}(2)_S{}^1$ の点は,

$$\pm\,(-\cos\theta_0,\, 0,\, \sin\theta_0) = \pm\left(-\frac{1}{\sqrt{3}},\, 0,\, \frac{\sqrt{2}}{\sqrt{3}}\right), \quad \pm\left(\frac{1}{2\sqrt{3}},\, \pm\frac{1}{2},\, \frac{\sqrt{2}}{\sqrt{3}}\right),$$

$$\left(\cos\frac{k\,\pi}{6},\, \sin\frac{k\,\pi}{6},\, 0\right) \quad (k = \pm 1,\, \pm 3,\, \pm 5)$$

である.

$\varphi(\mathrm{Oc}(2)_S{}^1)$ の点を根とするモニック多項式は,

$$(X^3 + t_1{}^3)\,(X^3 - t_1{}^{-3})\,(X^6 + 1)$$
$$= (X^6 + (t_1{}^3 - t_1{}^3)\,X^3 - 1)\,(X^6 + 1)$$
$$= (X^6 - 22\sqrt{2}\,X^3 - 1)\,(X^6 + 1)$$
$$= X^{12} - 11 \cdot 2\sqrt{2}\,X^9 - 11 \cdot 2\sqrt{2}\,X^3 - 1$$

114

である．これを $F_R{}^{\{1\}}(X)$ とおく．$12-1=11$ は素数であり，この多項式の中間項は 11 で割り切れている．

$\varphi(\mathrm{Oc}(2)_S{}^2 \cup \mathrm{Oc}(2)_S{}^0) \smallsetminus \{\infty\}$ の点を根とするモニック多項式は，

$$(X^7 - \frac{7}{\sqrt{8}}X^4 - X)(X^6 + 5\sqrt{2}X^3 - 1)$$
$$= X^{13} + \frac{13}{2\sqrt{2}}X^{10} - \frac{13\cdot 3}{2}X^7 - \frac{13}{2\sqrt{2}}X^4 + X$$

である．これを $\frac{1}{2\sqrt{2}}F_R{}^{\{0,2\}}(X)$ とおく．$F_R{}^{\{0,2\}}(X)$ の次数 13 は素数であり，中間項は 13 で割り切れている．

また，$\varphi(\mathrm{Oc}(2)_S{}^2 \cup \mathrm{Oc}(2)_S{}^1) \smallsetminus \{\infty\}$ の点を根とするモニック多項式は，

$$(X^7 - \frac{7}{\sqrt{8}}X^4 - X)(X^{12} - 22\sqrt{2}X^9 - 22\sqrt{2}X^3 - 1)$$
$$= X^{19} - \frac{19\cdot 5}{2\sqrt{2}}X^{16} + 19\cdot 4\,X^{13} + 19\cdot 4\,X^7 + \frac{19\cdot 5}{2\sqrt{2}}X^4 + X$$

である．これを $\frac{1}{2\sqrt{2}}F_R{}^{\{1,2\}}(X)$ とおく．$F_R{}^{\{1,2\}}(X)$ の次数 19 は素数であり，中間項は 19 で割り切れている．

$\varphi(\mathrm{Oc}(2)_S{}^0 \cup \mathrm{Oc}(2)_S{}^1)$ の点を根とするモニック多項式は，

$$(X^6 + 5\sqrt{2}X^3 - 1)(X^{12} - 22\sqrt{2}X^9 - 22\sqrt{2}X^3 - 1)$$
$$= X^{18} - 17\sqrt{2}X^{15} - 17\cdot 13\,X^{12} - 17\cdot 13\,X^6 + 17\sqrt{2}X^3 + 1$$

である．これを $F_R{}^{\{0,1\}}(X)$ とおく．$18-1=17$ は素数であり，この多項式の中間項は 17 で割り切れている．$\sqrt{2}$ を用いると，素数 17 は $17=(3\sqrt{2}+1)(3\sqrt{2}-1)$ と分解される．

$\varphi(\mathrm{Oc}(2)_S) \smallsetminus \{\infty\}$ の点を根とするモニック多項式は,

$$\left(X^7 - \frac{7}{\sqrt{8}} X^4 - X\right)(X^6 + 5\sqrt{2}\,X^3 - 1)(X^{12} - 22\sqrt{2}\,X^9 - 22\sqrt{2}\,X^3 - 1)$$

$$= X^{25} - \frac{5^2 \cdot 3}{2\sqrt{2}} X^{22} - \frac{5^2 \cdot 13}{2} X^{19} + \frac{5 \cdot 323}{2\sqrt{2}} X^{16}$$

$$+ \frac{5 \cdot 323}{2\sqrt{2}} X^{10} + \frac{5^2 \cdot 13}{2} X^7 - \frac{5^2 \cdot 3}{2\sqrt{2}} X^4 - X$$

である. これを $\dfrac{1}{2\sqrt{2}} F_R{}^{\{0,1,2\}}(X)$ とおく. $F_R{}^{\{0,1,2\}}(X)$ の次数は素数 5 の 2 乗であり, 中間項は 5 で割り切れている.

正 8 面体 $R = \mathrm{Oc}(2)$ の場合, 二項正 8 面体群 U_R は,

$$\zeta = \mathrm{e}^{\pi i/3}, \quad P = \frac{1}{\sqrt{3}} \begin{bmatrix} \sqrt{2} & -1 \\ 1 & \sqrt{2} \end{bmatrix}$$

とおくと,

$$\begin{bmatrix} \zeta & 0 \\ 0 & \zeta^{-1} \end{bmatrix}, \quad P^{-1} \begin{bmatrix} \zeta & 0 \\ 0 & \zeta^{-1} \end{bmatrix} P$$

で生成される.

9.2.3 辺の中点を ∞ に立体射影する場合

球面 S に内接する正 8 面体で, $(0, 0, \pm 1)$, $(\pm 1, 0, 0)$ を辺の中点の射影とし,

$$(0, \pm 1, 0), \quad \left(\pm \frac{1}{\sqrt{2}}, 0, \pm \frac{1}{\sqrt{2}}\right)$$

を頂点とするものを $R = \mathrm{Oc}(1)$ とする.

$\mathrm{Oc}(1)_S{}^0$ の点の立体射影は,

$$\pm i, \quad \pm 1 \pm \sqrt{2}$$

である.

これらを根とするモニック多項式は,

$$(X^2 + 1)\left((X+1)^2 - 2\right)\left((X-1)^2 - 2\right) = X^6 - 5\,X^4 - 5\,X^2 + 1$$

である. これを $F_R{}^{\{0\}}(X)$ とおく.

$\mathrm{Oc}(1)_S{}^2$ の点は,

$$\left(\pm\frac{\sqrt{2}}{\sqrt{3}},\ \pm\frac{1}{\sqrt{3}},\ 0\right), \quad \left(0,\ \pm\frac{1}{\sqrt{3}},\ \pm\frac{\sqrt{2}}{\sqrt{3}}\right)$$

である. これを立体射影すると,

$$\frac{\pm\sqrt{2}\pm i}{\sqrt{3}}, \quad (\pm\sqrt{3}\pm\sqrt{2})\,i$$

となる.

これらを根とするモニック多項式は,

$$\left(X^2 - \left(\frac{\sqrt{2}+i}{\sqrt{3}}\right)^2\right)\left(X^2 - \left(\frac{\sqrt{2}-i}{\sqrt{3}}\right)^2\right)$$
$$\left(X^2 + (\sqrt{3}+\sqrt{2})^2\right)\left(X^2 + (\sqrt{3}-\sqrt{2})^2\right)$$
$$= X^8 + \frac{7\cdot 4}{3}\,X^6 - \frac{7\cdot 2}{3}\,X^4 + \frac{7\cdot 4}{3}\,X^2 + 1$$

である. これを $\dfrac{1}{3}F_R{}^{\{2\}}(X)$ とおく. $8-1=7$ は素数であり, $F_R{}^{\{2\}}(X)$ の中間項は 7 で割り切れている.

$\varphi(\mathrm{Oc}(1)_S{}^0 \cup \mathrm{Oc}(1)_S{}^2)$ の点を根とするモニック多項式は,

$$(X^6 - 5\,X^4 - 5\,X^2 + 1)(X^8 + \frac{28}{3}\,X^6 - \frac{14}{3}\,X^4 + \frac{28}{3}\,X^2 + 1)$$
$$= X^{14} + \frac{13}{3}\,X^{12} - \frac{13^2}{3}\,X^{10} - 13\,X^8 - 13\,X^6 - \frac{13^2}{3}\,X^4 + \frac{13}{3}\,X^2 + 1$$

である．これを $\dfrac{1}{3} F_R{}^{\{0,2\}}(X)$ とおく．$14 - 1 = 13$ は素数であり，$F_R{}^{\{2\}}(X)$ の中間項は 13 で割り切れている．

$\mathrm{Oc}(1)_S{}^1$ の点は，

$$(0, 0, \pm 1), \quad (\pm 1, 0, 0), \quad \left(\pm \frac{1}{2}, \pm \frac{1}{\sqrt{2}}, \pm \frac{1}{2} \right)$$

である．これを立体射影すると，

$$\infty, \quad 0, \quad \pm 1, \quad \pm 1 \pm \sqrt{2}\,i, \quad \frac{\pm 1 \pm \sqrt{2}\,i}{3}$$

となる．

これらを根とするモニック多項式は，

$$X\left(X^2 - 1\right)\left(X^2 - \left(1 + \sqrt{2}\,i\right)^2\right)\left(X^2 - \left(1 - \sqrt{2}\,i\right)^2\right)$$
$$\times \left(X^2 - \left(\frac{1 + \sqrt{2}\,i}{3}\right)^2\right)\left(X^2 - \left(\frac{1 - \sqrt{2}\,i}{3}\right)^2\right)$$
$$= X^{11} + \frac{11}{9} X^9 + \frac{11 \cdot 2}{3} X^7 - \frac{11 \cdot 2}{3} X^5 - \frac{11}{9} X^3 - X$$

である．これを $\dfrac{1}{9} F_R{}^{\{1\}}(X)$ とおく．$F_R{}^{\{1\}}(X)$ の次数 11 は素数であり，中間項は 11 で割り切れている．

$\varphi(\mathrm{Oc}(1)_S{}^1 \cup \mathrm{Oc}(1)_S{}^0) \smallsetminus \{\infty\}$ の点を根とするモニック多項式は，

$$(X^{11} + \frac{11}{9} X^9 + \frac{22}{3} X^7 - \frac{22}{3} X^5 - \frac{11}{9} X^3 - X)(X^6 - 5 X^4 - 5 X^2 + 1)$$
$$= X^{17} - \frac{17 \cdot 2}{9} X^{15} - \frac{17 \cdot 2}{9} X^{13} - \frac{17 \cdot 26}{9} X^{11}$$
$$+ \frac{17 \cdot 26}{9} X^7 + \frac{17 \cdot 2}{9} X^5 + \frac{17 \cdot 2}{9} X^3 - X$$

である．これを $\dfrac{1}{9} F_R{}^{\{0,1\}}(X)$ とおく．$F_R{}^{\{0,1\}}(X)$ の次数 17 は素数であり，中間項は 17 で割り切れている．

$\varphi(\mathrm{Oc}(1)_S{}^1 \cup \mathrm{Oc}(1)_S{}^2) \smallsetminus \{\infty\}$ の点を根とするモニック多項式は,

$$(X^{11} + \frac{11}{9}X^9 + \frac{22}{3}X^7 - \frac{22}{3}X^5 - \frac{11}{9}X^3 - X)$$
$$\times (X^8 + \frac{28}{3}X^6 - \frac{14}{3}X^4 + \frac{28}{3}X^2 + 1)$$
$$= X^{19} + \frac{19 \cdot 5}{9}X^{17} + \frac{19 \cdot 20}{27}X^{15} + \frac{19 \cdot 92}{27}X^{13} - \frac{19 \cdot 130}{27}X^{11}$$
$$+ \frac{19 \cdot 130}{27}X^9 - \frac{19 \cdot 92}{27}X^7 - \frac{19 \cdot 20}{27}X^5 - \frac{19 \cdot 5}{9}X^3 - X$$

である. これを $\frac{1}{27}F_R{}^{\{1,2\}}(X)$ とおく. $F_R{}^{\{1,2\}}(X)$ の次数 19 は素数であり, 中間項は 19 で割り切れている.

$\varphi(\mathrm{Oc}(1)_S) \smallsetminus \{\infty\}$ の点を根とするモニック多項式は,

$$X^{25} + \frac{5^2 \cdot 2}{9}X^{23} - \frac{5 \cdot 236}{27}X^{21} - \frac{5 \cdot 310}{27}X^{19} - \frac{5^2 \cdot 513}{27}X^{17} + \frac{5 \cdot 1292}{27}X^{15}$$
$$- \frac{5 \cdot 1292}{27}X^{11} + \frac{5^2 \cdot 513}{27}X^9 + \frac{5 \cdot 310}{27}X^7 + \frac{5 \cdot 236}{27}X^5 - \frac{5^2 \cdot 2}{9}X^3 - X$$

である. これを $\frac{1}{27}F_R{}^{\{0,1,2\}}(X)$ とおく. $F_R{}^{\{0,1,2\}}(X)$ の次数は素数 5 の 2 乗であり, 中間項は 5 で割り切れている.

中間項がある素数で割り切れる多項式どうしの積が, また中間項がある素数で割り切れるという性質をもつ, という例が観察された.

9.2.4 正 4 面体

正 4 面体の辺に対応する $\mathrm{Te}_S{}^1$ の点は, 正 8 面体の頂点である. また, 正 4 面体の頂点と面に対応する $\mathrm{Te}_S{}^0 \cup \mathrm{Te}_S{}^2$ の点は, 立方体の頂点である. その意味で, 正 4 面体の考察は, 正 8 面体に関する計算の中に含まれている.

正 8 面体 $\mathrm{Oc}(0)$ に対し, 正 4 面体 $R = \mathrm{Te}(0)$ を,

$$\left(\pm\frac{1}{\sqrt{3}}, \pm\frac{1}{\sqrt{3}}, \frac{1}{\sqrt{3}}\right), \quad \left(\pm\frac{1}{\sqrt{3}}, \mp\frac{1}{\sqrt{3}}, -\frac{1}{\sqrt{3}}\right) \in R_S{}^0,$$

$$\left(\pm\frac{1}{\sqrt{3}}, \mp\frac{1}{\sqrt{3}}, \frac{1}{\sqrt{3}}\right), \quad \left(\pm\frac{1}{\sqrt{3}}, \pm\frac{1}{\sqrt{3}}, -\frac{1}{\sqrt{3}}\right) \in R_S{}^2,$$

$$(0, 0, \pm1), \quad (0, \pm1, 0), \quad (\pm1, 0, 0) \in R_S{}^1$$

となるように取る（複号同順）.

$\varphi(\mathrm{Te}(0)_S{}^1) \smallsetminus \{\infty\}$ の点を根とするモニック多項式は,

$$X^5 - X$$

である. これを $F_R{}^{\{1\}}(X)$ とおく.

$\varphi(\mathrm{Te}(0)_S{}^0)$ の点を根とするモニック多項式は,

$$X^4 + 2\sqrt{-3}\,X^2 + 1$$

である. これを $F_R{}^{\{0\}}(X)$ とおく. $4 - 1 = 3$ は素数であり, 中間項は $\sqrt{-3}$ の整数倍である.

$\varphi(\mathrm{Te}(0)_S{}^2)$ の点を根とするモニック多項式は,

$$X^4 - 2\sqrt{-3}\,X^2 + 1$$

である. これを $F_R{}^{\{2\}}(X)$ とおく. $4 - 1 = 3$ は素数であり, 中間項は $\sqrt{-3}$ の整数倍である.

このとき,

$$F_R{}^{\{0\}}(X)^3 - F_R{}^{\{2\}}(X)^3 = 12\sqrt{-3}\,F_R{}^{\{1\}}(X)^2$$

が成り立っている. よって, 写像 $\Phi_R : \mathbb{C} \cup \{\infty\} \to \mathbb{C} \cup \{\infty\}$ を

$$\Phi_R(z) = \frac{F_R{}^{\{0\}}(X)^3}{F_R{}^{\{2\}}(X)^3}$$

で定義すると,

$$\Phi_R{}^{-1}(0) = \varphi(R_S{}^0), \quad \Phi_R{}^{-1}(1) = \varphi(R_S{}^1), \quad \Phi_R{}^{-1}(\infty) = \varphi(R_S{}^2)$$

となる.

$\varphi(\mathrm{Te}(0)_S{}^0 \cup \mathrm{Te}(0)_S{}^2) \smallsetminus \{\infty\}$ の点を根とするモニック多項式は,

$$(X^4 + 2\sqrt{-3}\,X^2 + 1)(X^4 - 2\sqrt{-3}\,X^2 + 1) = X^8 + 7 \cdot 2\,X^4 + 1$$

である. これを $F_R{}^{\{0,1\}}(X)$ とおく. $8 - 1 = 7$ は素数であり. 中間項は 7 で割り切れている.

$\varphi(\mathrm{Te}(0)_S{}^0 \cup \mathrm{Te}(0)_S{}^1) \smallsetminus \{\infty\}$ の点を根とするモニック多項式は,

$$(X^4 + 2\sqrt{-3}\,X^2 + 1)(X^5 - X) = X^9 - X + 2\sqrt{-3}\,(X^7 - X^3)$$

である. これを $F_R{}^{\{0,1\}}(X)$ とおく. 次数 9 は素数 3 の 2 乗であり, 中間項は $\sqrt{-3}$ の整数倍である.

$\varphi(\mathrm{Te}(0)_S{}^2 \cup \mathrm{Te}(0)_S{}^1) \smallsetminus \{\infty\}$ の点を根とするモニック多項式は,

$$(X^4 - 2\sqrt{-3}\,X^2 + 1)(X^5 - X) = X^9 - X - 2\sqrt{-3}\,(X^7 - X^3)$$

である. これを $F_R{}^{\{0,1\}}(X)$ とおく. 次数 9 は素数 3 の 2 乗であり, 中間項は $\sqrt{-3}$ の整数倍である.

$\varphi(\mathrm{Te}(0)_S) \smallsetminus \{\infty\}$ の点を根とするモニック多項式は,

$$(X^5 - X)(X^8 + 14\,X^4 + 1) = X^{13} + 13\,X^9 - 13\,X^5 - X$$

である. これを $F_R{}^{\{0,1,2\}}(X)$ とおく. 次数 13 は素数であり, 中間項は 13 で割り切れている.

正 4 面体 $R = \mathrm{Te}(0)$ の場合, 二項正 4 面体群 U_R は, $P = \dfrac{1}{\sqrt{2}}\begin{bmatrix} 1 & -1 \\ 1 & 1 \end{bmatrix}$ とおくと,

$$\begin{bmatrix} i & 0 \\ 0 & -i \end{bmatrix}, \quad P^{-1}\begin{bmatrix} i & 0 \\ 0 & -i \end{bmatrix}P$$

で生成される.

演習問題

(1) 球面 S に内接する正 8 面体で, $(0, 0, \pm 1)$ を面の中心の射影とし,

$$\pm\left(\pm\frac{1}{\sqrt{2}}, \frac{1}{\sqrt{6}}, \frac{1}{\sqrt{3}}\right), \quad \pm\left(0, -\frac{\sqrt{2}}{\sqrt{3}}, \frac{1}{\sqrt{3}}\right)$$

を頂点とするものを $R = \mathrm{Oc}(2')$ とする. これに対し, $\varphi(R_S{}^0)$ を求めよ.

(2) $R = \mathrm{Oc}(2')$ に対し, $\varphi(R_S{}^0), \varphi(R_S{}^1), \varphi(R_S{}^2) \smallsetminus \{\infty\}$ の元を根とするモニック多項式 $F^a(X)$ $(a = 0, 1, 2)$ を求めよ.

略解

(1) $0 < \theta_0 < \dfrac{\pi}{2}$, $\tan\theta_0 = \sqrt{2}$, $t_0 = \tan\dfrac{\theta_0}{2}$ に対し,

$$\varphi(R_S{}^0) = \{-t_0\, i\, \omega^k, \; t_0{}^{-1}\, i\, \omega^k \; (k = 0, 1, 2)\}.$$

(2) $F^0(X) = X^6 + 5\sqrt{2}\, i\, X^3 + 1$,

$\quad F^1(X) = X^{12} - 11 \cdot 2\sqrt{2}\, i\, X^9 + 11 \cdot 2\sqrt{2}\, i\, X^3 - 1$,

$\quad F^2(X) = X^7 - \dfrac{7\, i}{2\sqrt{2}}\, X^4 + X.$

10 | 正 20 面体多項式

正 20 面体に対する正多面体多項式を計算する.

《キーワード》正 20 面体, 頂点・辺・面, 多項式

10.1 正 20 面体の頂点

10.1.1 球面 3 角形

球面上, 3 つの大円の弧で囲まれる図形を **球面 3 角形** と言う.

球面 3 角形の頂点における角の大きさは, その頂点における 2 つの弧の接線の間の角の大きさのこととする.

定理 10.1 半径 1 の球面 3 角形 ABC において, 角 C が直角であるとする. A, B, C の対辺の弧の長さを α, β, γ とすると,

$$\cos\gamma = \cos\alpha \, \cos\beta.$$

証明 球面の中心を O とする. 点 A から OC に下ろした垂線の足を H とすると, $OH = \cos\beta$.

H から OB に下ろした垂線の足を K とすると, $OK = OH\cos\alpha = \cos\beta\cos\alpha$.

また, AH は平面 OBC に垂直なので, OB は AH, HK に垂直. よって OB は AK に垂直. よって, $OK = \cos\gamma$. □

$\alpha = tx, \beta = ty, \gamma = tz$ とおく. t が小さいとき, マクローリン展開

の 3 次以上の項を無視すると,

$$\cos\gamma \sim 1 - \frac{t^2}{2}\,z^2,$$

$$(\cos\alpha)(\cos\beta) \sim \left(1 - \frac{t^2}{2}\,x^2\right)\left(1 - \frac{t^2}{2}\,y^2\right) \sim 1 - \frac{t^2}{2}\,(x^2 + y^2)$$

となり, $\gamma^2 \sim \alpha^2 + \beta^2$ となる.

10.1.2 正 20 面体の頂点

立体射影 $\varphi\colon S \smallsetminus \{(0,\,0,\,-1)\} \to \mathbb{C}$ を

$$\varphi(x) = \varphi(x_1,\,x_2,\,x_3) = \frac{x_1 + i\,x_2}{1 + x_3}$$

で定義する. このとき,

$$\varphi(\sin\theta,\,0,\,\cos\theta) = \tan\frac{\theta}{2}$$

となる. さらにこれを, $\varphi(0,\,0,\,-1) = \infty$ によって,

$$\varphi\colon S \to \mathbb{C} \cup \{\infty\}$$

に拡張しておく.

補題 10.1　半径 1 の球面 S に内接する正 20 面体の辺を S に射影して得られる弧の長さを $0 < \theta_1 < \pi$ とおくと,

$$\tan\theta_1 = 2, \quad \cos\theta_1 = \frac{1}{\sqrt{5}}, \quad \sin\theta_1 = \frac{2}{\sqrt{5}}.$$

証明　ABC を正 20 面体の面とする. 弧 BC の中点を H とし, 弧 AH の長さを θ_1' とおくと, 定理 10.1 より,

$$\cos\theta_1 = (\cos\theta_1')\left(\cos\frac{\theta_1}{2}\right)$$

が成り立つ.

正 20 面体の向かい合う頂点を結ぶ大円の弧で, 他の頂点を通るものを考えると, $\theta_1 + 2\theta_1' = \pi$ がわかる. したがって,

$$\cos\theta_1 = \left(\cos\frac{\pi-\theta_1}{2}\right)\left(\cos\frac{\theta_1}{2}\right) = \frac{1}{2}\sin\theta_1.$$

よって $\tan\theta_1 = 2, \quad \cos\theta_1 = \frac{1}{\sqrt{5}}, \quad \sin\theta_1 = \frac{2}{\sqrt{5}}.$ $\qquad\square$

この θ_1, θ_1' は後でも使う.

$\varepsilon = \mathrm{e}^{2\pi i/5}$ とおく. これは

$$\varepsilon^4 + \varepsilon^3 + \varepsilon^2 + \varepsilon + 1 = 0$$

をみたすので,

$$(\varepsilon + \varepsilon^{-1})^2 + (\varepsilon + \varepsilon^{-1}) - 1 = 0.$$

よって $\varepsilon + \varepsilon^{-1} = 2\cos\frac{2\pi}{5} > 0$ より,

$$\varepsilon + \varepsilon^{-1} = \frac{-1+\sqrt{5}}{2}.$$

よって,

$$\varepsilon = \frac{-1+\sqrt{5}}{4} + i\sqrt{\frac{5+\sqrt{5}}{8}}.$$

10.2 正 20 面体多項式

10.2.1 1 変数多項式と 2 変数同次多項式

前章と同様にして, 正 20 面体 $R = \mathrm{Ic}(0)$ の辺の中点, 面の中心を球面 S に射影した点の座標を求め, その立体射影を計算して, それらを根と

するモニック多項式を求めることもできる．が，ここでは別の道を通ってみよう．

2 変数多項式

$$F(x,\, y) = \sum_{k=0}^{n} a_k\, x^k\, y^{n-k}$$

を 2 変数 n 次 **同次多項式** と言う．

n 次以下の 1 変数多項式 $f(X)$ に対し，$F(x,\, y) = y^n f\left(\dfrac{x}{y}\right)$ は n 次同次多項式である．

このとき，2 次正則行列 $\begin{bmatrix} a & b \\ c & d \end{bmatrix}$ に対し，

$$F(a\,x + b\,y,\, c\,x + d\,y) = y^n\,(c\,X + d)^n\, f\left(\frac{a\,X + b}{c\,X + d}\right). \quad \left(X = \frac{x}{y}\right)$$

が成り立つ．

10.2.2 頂点を ∞ に立体射影する場合

球面 $S = \{x \in \mathbb{R}^3 \mid \langle x,\, x \rangle = 1\}$ に内接する正 20 面体で，

$$(0,\, 0,\, \pm 1), \quad \pm\left(\frac{2}{\sqrt{5}},\, 0,\, \frac{1}{\sqrt{5}}\right)$$

を頂点にもつものを $R = \mathrm{Ic}(0)$ とする．頂点を立体射影すると，

$$\infty, \quad 0, \quad \frac{\sqrt{5}-1}{2}\,\varepsilon^k, \quad -\frac{\sqrt{5}+1}{2}\,\varepsilon^k \quad (k = 0,\, 1,\, 2,\, 3,\, 4)$$

となる．

$\varphi(\mathrm{Ic}(0)_{S^0}) \smallsetminus \{\infty\}$ の点を根とするモニック多項式は，

$$X\left(X^5 - \left(\frac{\sqrt{5}-1}{2}\right)^5\right)\left(X^5 - \left(-\frac{\sqrt{5}+1}{2}\right)^5\right)$$
$$= X^{11} + 11\,X^6 - X$$

である. これを $F_R{}^{\{0\}}(X)$ とおく. その次数 11 は素数であり, 中間項は 11 で割り切れている.

これに対して, 2 変数同次多項式を

$$F(x, y) = y^{12} F_R{}^{\{0\}}\left(\frac{x}{y}\right) = xy(x^{10} + 11x^5 y^5 - y^{10})$$

とおく.

$F = 0$ によって定義される射影直線 $\mathrm{P}^1(\mathbb{C})$ 上の 12 点は, R の 12 頂点に対応している.

このとき, 二項正 20 面体群 $U_R \subset \mathrm{SU}(2)$ の任意の元 $\begin{bmatrix} a & b \\ c & d \end{bmatrix}$ に対し,

$$f\left(\frac{aX + b}{cX + d}\right). = 0 \iff f(X) = 0$$

であり, よって,

$$F(ax + by,\ cx + dy) = 0 \iff F(x, y) = 0$$

である. したがって, $F(ax + by,\ cx + dy)$ は $F(x, y)$ の定数 $(\neq 0)$ 倍である.

そこで,

$$H(x, y) = C_1 \begin{vmatrix} F_{xx} & F_{xy} \\ F_{yx} & F_{yy} \end{vmatrix}, \quad T(x, y) = C_2 \begin{vmatrix} F_x & F_y \\ H_x & H_y \end{vmatrix}$$

とおく. 定数 C_1, C_2 は後で決める.

任意の $\begin{bmatrix} a & b \\ c & d \end{bmatrix} \in U_R$ に対し, $H(ax + by,\ cx + dy)$ は $H(x, y)$ の 1 のべき根倍であり, $T(ax + by,\ cx + dy)$ は $T(x, y)$ の 1 のべき根倍である.

　多項式 F は 12 次式, H は $2\,(12-2) = 20$ 次式, T は $12+20-2 = 30$ 次式である.

　群 G_R は $\mathrm{P}^1(\mathbb{C})$ に作用する. その中で, 群 G_R は $F = 0$ の定める 12 点の集合, $H = 0$ の定める 20 点の集合, $T = 0$ の定める 30 点の集合にそれぞれ作用する.

　また, G_R の $\mathrm{P}^1(\mathbb{C})$ への作用において, R の頂点の軌道は 12 点, 面の中心の軌道は 20 点, 辺の中点の軌道は 30 点から成る. その他の点の軌道は, 定理 8.1 より, G_R の位数, すなわち 60 の点から成る.

　したがって, 面の中心に対応する点は $H = 0$ で与えられ, 辺の中点に対応する点は $T = 0$ で与えられる.

　多項式 H, T を計算する. まず,

$$F_{x\,x} = 11 \cdot 10\, x^9\, y + 11 \cdot 6 \cdot 5\, x^4\, y^6,$$

$$F_{x\,y} = F_{y\,x} = 11\, x^{10} + 11 \cdot 6 \cdot 6\, x^5\, y^5 - 11\, y^{10},$$

$$F_{y\,y} = 11 \cdot 6 \cdot 5\, x^6\, y^4 - 11 \cdot 10\, x\, y^9$$

より,

$$H(x, y) = C_1 \begin{vmatrix} F_{x\,x} & F_{x\,y} \\ F_{y\,x} & F_{y\,y} \end{vmatrix}$$

$$= -11^2 C_1 (x^{20} - 19 \cdot 12\, x^{15} y^5 + 19 \cdot 26\, x^{10} y^{10} + 19 \cdot 12\, x^5 y^{15} + y^{20})$$

となる. そこで $C_1 = -\dfrac{1}{11^2}$ と定める. すると,

$$F_x = 11\, x^{10}\, y + 11 \cdot 6\, x^5\, y^6 - y^{11},$$

$$F_y = x^{11} + 11 \cdot 6\, x^6\, y^5 - 11\, x\, y^{10},$$

$$H_x = 20\, x^{19} - 19 \cdot 12 \cdot 15\, x^{14}\, y^5 + 19 \cdot 26 \cdot 10\, x^9\, y^{10} + 19 \cdot 12 \cdot 5\, x^4\, y^{15},$$

$$H_y = -19 \cdot 12 \cdot 5\, x^{15}\, y^4 + 19 \cdot 26 \cdot 10\, x^{10}\, y^9 + 19 \cdot 12 \cdot 15\, x^5\, y^{14} + 20\, y^{19}$$

128

より，

$$T(x,\,y) = C_2 \begin{vmatrix} F_x & F_y \\ H_x & H_y \end{vmatrix}$$

$$= -20\,C_2\,(x^{30} + 29\cdot 18\,x^{25}\,y^5 - 29\cdot 345\,x^{20}\,y^{10}$$
$$- 29\cdot 345\,x^{10}\,y^{20} - 29\cdot 18\,x^5\,y^{25} + y^{30})$$

となる．そこで $C_2 = -\dfrac{1}{20}$ と定める．

したがって，$\varphi(\mathrm{Ic}(0)_S{}^2)$ の点を根とするモニック多項式は，

$$H(X,\,1) = X^{20} - 19\cdot 12\,X^{15} + 19\cdot 26\,X^{10} + 19\cdot 12\,X^5 + 1$$

である．これを $F_R{}^{\{2\}}(X)$ とおく．$20 - 1 = 19$ は素数であり，この多項式の中間項は 19 で割り切れている．

また，$\varphi(\mathrm{Ic}(0)_S{}^1)$ の点を根とするモニック多項式は，

$$T(X,\,1) = X^{30} + 29\cdot 18\,X^{25} - 29\cdot 345\,X^{20} - 29\cdot 345\,X^{10} - 29\cdot 18\,X^5 + 1$$

である．これを $F_R{}^{\{1\}}(X)$ とおく．$30 - 1 = 29$ は素数であり，この多項式の中間項は 29 で割り切れている．

このとき，

$$F_R{}^{\{1\}}(X)^2 - F_R{}^{\{2\}}(X)^3 = 2^6\,3^3\,F_R{}^{\{0\}}(X)^5$$

が成り立っている．よって，写像 $\Phi_R\colon \mathbb{C}\cup\{\infty\} \to \mathbb{C}\cup\{\infty\}$ を

$$\Phi_R(z) = -2^6\,3^3\,\frac{F_R{}^{\{0\}}(X)^5}{F_R{}^{\{2\}}(X)^3}$$

で定義すると，

$$\Phi_R{}^{-1}(0) = \varphi(R_S{}^0), \quad \Phi_R{}^{-1}(1) = \varphi(R_S{}^1), \quad \Phi_R{}^{-1}(\infty) = \varphi(R_S{}^2)$$

となる.

$\varphi(\mathrm{Ic}(0)_S{}^0 \cup \mathrm{Ic}(0)_S{}^2) \smallsetminus \{\infty\}$ の点を根とするモニック多項式は,

$$F(X, 1)\, H(X, 1)$$
$$= (X^{11} + 11\,X^6 - X)(X^{20} - 19 \cdot 12\,X^{15} + 19 \cdot 26\,X^{10} + 19 \cdot 12\,X^5 + 1)$$
$$= X^{31} - 31 \cdot 7\,X^{26} - 31 \cdot 65\,X^{21} + 31 \cdot 190\,X^{16} + 31 \cdot 65\,X^{11} - 31 \cdot 7\,X^6 - X$$

となる. これを $F_R{}^{\{0,\,2\}}(X)$ とおく. その次数 31 は素数であり, 中間項は 31 で割り切れている.

$\varphi(\mathrm{Ic}(0)_S{}^{\{0\}} \cup \mathrm{Ic}(0)_S{}^1) \smallsetminus \{\infty\}$ の点を根とするモニック多項式は,

$$F(X,\, 1)\, T(X,\, 1)$$
$$= (X^{11} + 11\,X^6 - X)$$
$$\qquad \times (X^{30} + 29 \cdot 18\,X^{25} - 29 \cdot 345\,X^{20} - 29 \cdot 345\,X^{10} - 29 \cdot 18\,X^5 + 1)$$
$$= X^{41} + 41 \cdot 13\,X^{36} - 41 \cdot 104\,X^{31} - 41 \cdot 29 \cdot 93\,X^{26}$$
$$\qquad - 41 \cdot 29 \cdot 93\,X^{16} + 41 \cdot 104\,X^{11} - 41 \cdot 13\,X^6 - X$$

である. これを $F_R{}^{\{0,\,1\}}(X)$ とおく. その次数 41 は素数であり, 中間項は 41 で割り切れている.

$\varphi(\mathrm{Ic}(0)_S{}^1 \cup \mathrm{Ic}(0)_S{}^2)$ の点を根とするモニック多項式は,

$$H(X, 1)\, T(X, 1)$$
$$= X^{50} + 1 + 7^2 \cdot 6\,(X^{45} - X^5) - 7^2 \cdot 2623\,(X^{40} + X^{10})$$
$$\qquad + 7 \cdot 362748\,(X^{35} - X^{15}) - 7^2 \cdot 98642\,(X^{30} + X^{20})$$

である. これを $F_R{}^{\{1,\,2\}}(X)$ とおく. $50 - 1 = 49$ は素数 7 の 2 乗であり, この多項式の中間項は 7 で割り切れている.

$\varphi(\mathrm{Ic}(0)_S) \smallsetminus \{\infty\}$ の点を根とするモニック多項式は,

$F(X,1)H(X,1)T(X,1)$

$= (X^{11}+11X^6-X)(X^{20}-19\cdot12X^{15}+19\cdot26X^{10}+19\cdot12X^5+1)$

$\qquad \times (X^{30}+29\cdot18X^{25}-29\cdot345X^{20}-29\cdot345X^{10}-29\cdot18X^5+1)$

$= X^{61}+61\cdot5X^{56}-61\cdot2054X^{51}+61\cdot18445X^{46}$

$\qquad +61\cdot380765X^{41}-61\cdot913234X^{36}-61\cdot913234X^{26}-61\cdot380765X^{21}$

$\qquad +61\cdot18445X^{16}+61\cdot2054X^{11}-61\cdot5X^6-X$

である. これを $F_R{}^{\{0,1,2\}}(X)$ とおく. その次数 61 は素数であり, 中間項は 61 で割り切れている.

正 4, 8, 20 面体の場合, 頂点の個数 v, 辺の個数 e, 面の個数 f に対し,

$$v-e+f=2, \quad 2e=3f$$

が成り立つので,

$$f=2(v-2), \quad e=v+f-2$$

となる.

10.2.3 面の中心を ∞ に立体射影する場合

上でおこなった計算は, 正 20 面体の頂点が ∞ に立体射影される場合のものであった.

次に, 面の中心が ∞ に立体射影される場合を計算する.

補題 10.2 半径 1 の球面 S に内接する正 20 面体の 1 つの面に対し, 面の中心の S への射影と頂点を結ぶ弧の長さを θ_2 とすると,

$$\tan\theta_2 = 3-\sqrt{5}$$

証明 定理 10.1 より，

$$
\begin{aligned}
\cos\theta_2 &= \cos(\theta_1' - \theta_2)\cos\frac{\theta_1}{2} \\
&= \cos\left(\frac{\pi - \theta_1}{2} - \theta_2\right)\cos\frac{\theta_1}{2} \\
&= \sin\left(\frac{\theta_1}{2} + \theta_2\right)\cos\frac{\theta_1}{2} \\
&= \frac{1}{2}\left(\sin(\theta_1 + \theta_2) + \sin\theta_2\right) \\
&= \frac{1}{2}\sin\theta_1\cos\theta_2 + \frac{1}{2}\cos\theta_1\sin\theta_2 + \frac{1}{2}\sin\theta_2.
\end{aligned}
$$

よって，

$$
\tan\theta_2 = \frac{2 - \sin\theta_1}{1 + \cos\theta_1} = \frac{2 - \frac{2}{\sqrt5}}{1 + \frac{1}{\sqrt5}} = 3 - \sqrt5.
$$

$\square$

準備として，

$$
t = \tan\frac{\theta_2}{2}, \quad u = \tan\frac{\theta_1 + \theta_2}{2}
$$

とおく．後で用いる計算をしておくと，

$$
\begin{aligned}
t - t^{-1} &= -2\,(\tan\theta_2)^{-1} = -\frac{3 + \sqrt5}{2}, \\
t^3 - t^{-3} &= (t - t^{-1})^3 + 3\,(t - t^{-1}) = -\frac{27 + 11\sqrt5}{2}, \\
u - u^{-1} &= -2\,(\tan(\theta_1 + \theta_2))^{-1} = -2\frac{1 - 2\,(3 - \sqrt5)}{2 + 3 - \sqrt5} = \frac{3 - \sqrt5}{2}, \\
u^3 - u^{-3} &= (u - u^{-1})^3 + 3\,(u - u^{-1}) = \frac{27 - 11\sqrt5}{2}.
\end{aligned}
$$

$\mathbb{R}^3$ の原点 O を中心とする半径 1 の球面 S に内接する正 20 面体で，$(0, 0, \pm1)$ を面の中心の射影とし，$(\sin\theta_2, 0, \cos\theta_2)$ を 1 つの頂点とする

ものを，$R = \mathrm{Ic}(2)$ とする．$\mathrm{Ic}(2)$ の頂点を立体射影した点は，

$$t\,\omega^k,\ -t^{-1}\omega^k,\ u\,\omega^k,\ -u^{-1}\omega^k\ (k = 0,\,1,\,2)$$

となる．

これらを根とするモニック多項式を $F_R{}^{\{0\}}(X)$ とおくと，

$$
\begin{aligned}
F_R{}^{\{0\}}(X) &= (X^3 - t^3)\,(X^3 + t^{-3})\,(X^3 - u^3)\,(X^3 + u^{-3}) \\
&= (X^6 - (t^3 - t^{-3})\,X^3 - 1)\,(X^6 - (u^3 - u^{-3})\,X^3 - 1) \\
&= (X^6 + \frac{27 + 11\sqrt{5}}{2}\,X^3 - 1)\,(X^6 + \frac{-27 + 11\sqrt{5}}{2}\,X^3 - 1) \\
&= X^{12} + 11\sqrt{5}\,X^9 - 11 \cdot 3\,X^6 - 11\sqrt{5}\,X^3 + 1
\end{aligned}
$$

である．$12 - 1 = 11$ は素数であり，この多項式の中間項は 11 で割り切れている．また，$\sqrt{5}$ を用いると，素数 11 が $11 = (4 + \sqrt{5})\,(4 - \sqrt{5})$ のように分解される．

これに対し，

$$
\begin{aligned}
F(x,\,y) &= y^{12}\,F_R{}^{\{0\}}\left(\frac{x}{y}\right) \\
&= x^{12} + 11\sqrt{5}\,x^9\,y^3 - 33\,x^6\,y^6 - 11\sqrt{5}\,x^3\,y^9 + y^{12}
\end{aligned}
$$

とおき，さらに

$$
H(x,\,y) = C_1 \begin{vmatrix} F_{x\,x} & F_{x\,y} \\ F_{y\,x} & F_{y\,y} \end{vmatrix}, \quad
T(x,\,y) = C_2 \begin{vmatrix} F_x & F_y \\ H_x & H_y \end{vmatrix}
$$

とおく．定数 $C_1,\,C_2$ は後で定める．

H の定義に

$$F_{xx} = 12 \cdot 11 x^{10} + 11\sqrt{5} \cdot 9 \cdot 8 x^7 y^3 - 33 \cdot 6 \cdot 5 x^4 y^6 - 11\sqrt{5} \cdot 3 \cdot 2 x y^9$$

$$F_{xy} = F_{yx} = 11\sqrt{5} \cdot 9 \cdot 3 x^8 y^2 - 33 \cdot 6 \cdot 6 x^5 y^5 - 11\sqrt{5} \cdot 3 \cdot 9 x^2 y^8$$

$$F_{yy} = 11\sqrt{5} \cdot 3 \cdot 2 x^9 y - 33 \cdot 6 \cdot 5 x^6 y^4 - 11\sqrt{5} \cdot 9 \cdot 8 x^3 y^7 + 12 \cdot 11 y^{10}$$

を代入すると,

$$H(x, y) = 33^2 \sqrt{5}\, C_1\, x\, y\, (8\, x^{18} - 19 \cdot 3\sqrt{5}\, x^{15}\, y^3 - 19 \cdot 12\, x^{12}\, y^6$$
$$- 19 \cdot 26\sqrt{5}\, x^9\, y^9 + 19 \cdot 12\, x^6\, y^{12} - 19 \cdot 3\sqrt{5}\, x^3\, y^{15} - 8\, y^{18})$$

となる. そこで $C_1 = \dfrac{1}{33^2 \sqrt{5}}$ とおく.

よって, $\varphi(\mathrm{Ic}(2)_S{}^2) \smallsetminus \{\infty\}$ の点を根とする多項式は,

$$H(X, 1) = 8\, X^{19} - 19 \cdot 3\sqrt{5}\, X^{16} - 19 \cdot 12\, X^{13} - 19 \cdot 26\sqrt{5}\, X^{10}$$
$$+ 19 \cdot 12\, X^7 - 19 \cdot 3\sqrt{5}\, X^4 - 8\, X$$
$$= X\, (8\, X^6 - \sqrt{5}\, X^3 + 1)\, (X^6 + \sqrt{5}\, X^3 + 8)\, (X^6 - 8\sqrt{5}\, X^3 - 1)$$

である. これを $F_R{}^{\{2\}}(X)$ とおく. その次数 19 は素数であり, 中間項は 19 で割り切れている. $\sqrt{5}$ を用いると, 素数 19 は $19 = (2\sqrt{5}+1)\,(2\sqrt{5}-1)$ のように分解される.

さらに,

$$T(x, y) = 12\, C_2\, (8 x^{30} - 29 \cdot 20\sqrt{5}\, x^{27} y^3 + 29 \cdot 135 x^{24} y^6 - 29 \cdot 690\sqrt{5}\, x^{21} y^9$$
$$- 29 \cdot 6555 x^{18} y^{12} - 29 \cdot 6555 x^{12} y^{18}$$
$$+ 29 \cdot 690\sqrt{5}\, x^9 y^{21} + 29 \cdot 135 x^6 y^{24} + 29 \cdot 20\sqrt{5}\, x^3 y^{27} + 8 y^{30})$$

となる. そこで $C_2 = \dfrac{1}{12}$ とおく.

よって，$\varphi(\mathrm{Ic}(2)_S{}^1)$ の点を根とする多項式は，

$$
\begin{aligned}
T(X,\,1) = {} & 8\,X^{30} - 29\cdot 20\sqrt{5}\,X^{27} + 29\cdot 135\,X^{24} - 29\cdot 690\sqrt{5}\,X^{21} \\
& - 29\cdot 6555\,X^{18} - 29\cdot 6555\,X^{12} \\
& + 29\cdot 690\sqrt{5}\,X^{9} + 29\cdot 135\,X^{6} + 29\cdot 20\sqrt{5}\,X^{3} + 8
\end{aligned}
$$

である．これを $F_R{}^{\{1\}}(X)$ とおく．$30-1=29$ は素数であり，中間項は 29 で割り切れている．$\sqrt{5}$ を用いると，素数 29 は $29 = (7+2\sqrt{5})\,(7-2\sqrt{5})$ のように分解される．

よって，$\varphi(\mathrm{Ic}(2)_S{}^2 \cup \mathrm{Ic}(2)_S{}^0)\smallsetminus\{\infty\}$ の点を根とする多項式は，

$$
\begin{aligned}
& F(X,\,1)\,H(X,\,1) \\
={} & 8\,X^{31} + 31\sqrt{5}\,X^{28} - 31\cdot 117\,X^{25} \\
& - 31\cdot 39\sqrt{5}\,X^{22} - 31\cdot 525\,X^{19} + 31\cdot 684\sqrt{5}\,X^{16} \\
& + 31\cdot 525 X^{13} - 31\cdot 39\sqrt{5}\,X^{10} + 31\cdot 117\,X^{7} + 31\sqrt{5}\,X^{4} - 8\,X
\end{aligned}
$$

である．これを $F_R{}^{\{0,\,2\}}(X)$ とおく．その次数 31 は素数であり，中間項は 31 で割り切れる．$\sqrt{5}$ を用いると，素数 31 は $31 = (6+\sqrt{5})\,(6-\sqrt{5})$ のように分解される．

また，$\varphi(\mathrm{Ic}(2)_S{}^0 \cup \mathrm{Ic}(2)_S{}^1)$ の点を根とする多項式は，

$$
\begin{aligned}
& F(X,1)T(X,1) \\
={} & 8X^{42} - 41\cdot 12\sqrt{5}X^{39} - 41\cdot 689X^{36} + 41\cdot 1027\sqrt{5}X^{33} - 41\cdot 33852X^{30} \\
& - 41\cdot 35960\sqrt{5}X^{27} + 41\cdot 175305X^{24} + 41\cdot 175305X^{18} + 41\cdot 35960\sqrt{5}X^{15} \\
& - 41\cdot 33852X^{12} - 41\cdot 1027\sqrt{5}X^{9} - 41\cdot 689X^{6} + 41\cdot 12\sqrt{5}X^{3} + 8
\end{aligned}
$$

である．これを $F_R{}^{\{0,\,1\}}(X)$ とおく．$42-1=41$ は素数であり，こ

の多項式の中間項は 41 で割り切れている．$\sqrt{5}$ を用いると，素数 41 は $41 = (3\sqrt{5}+2)(3\sqrt{5}-2)$ のように分解される．

また，$\varphi(\mathrm{Ic}(2)_S{}^2 \cup \mathrm{Ic}(2)_S{}^1) \smallsetminus \{\infty\}$ の点を根とする多項式は，

$$
\begin{aligned}
&H(X,1)\,T(X,1)\\
&= 64\,(X^{49}-X) - 7\cdot728\sqrt{5}\,(X^{46}+X^4) + 7\cdot27828\,(X^{43}-X^7)\\
&\quad - 7\cdot36421\sqrt{5}\,(X^{40}+X^{10}) + 7\cdot674842\,(X^{37}-X^{13})\\
&\quad + 7\cdot1904427\sqrt{5}\,(X^{34}+X^{16}) + 7\cdot13186208\,(X^{31}-X^{19})\\
&\quad + 7\cdot14303090\sqrt{5}\,(X^{28}+X^{22})
\end{aligned}
$$

である．これを $F_R{}^{\{1,2\}}(X)$ とおく．その次数は素数 7 の 2 乗であり，中間項は 7 で割り切れている．

今度は $7 = (m+\sqrt{5}\,n)(m-\sqrt{5}\,n) = m^2 - 5n^2$ となる整数 m, n は存在しない．$m^2 \not\equiv 2 \mod 5$ だからである．

そして，$\varphi(\mathrm{Ic}(2)_S) \smallsetminus \{\infty\}$ の点を根とする多項式は，

$$
\begin{aligned}
&F(X,1)\,H(X,1)\,T(X,1)\\
&= 64\,(X^{61}-X) - 61\cdot72\sqrt{5}\,(X^{58}+X^4) - 61\cdot1436\,(X^{55}-X^7)\\
&\quad + 61\cdot33693\sqrt{5}\,(X^{52}+X^{10}) - 61\cdot253215\,(X^{49}-X^{13})\\
&\quad + 61\cdot1173102\sqrt{5}\,(X^{46}+X^{16}) + 61\cdot11210430\,(X^{43}-X^{19})\\
&\quad + 61\cdot10218348\sqrt{5}\,(X^{40}+X^{22}) + 61\cdot28396641\,(X^{37}-X^{25})\\
&\quad - 61\cdot68949167\sqrt{5}\,(X^{34}+X^{28})
\end{aligned}
$$

である．これを $F_R{}^{\{0,1,2\}}(X)$ とおく．その次数は素数 61 であり，中間項は 61 で割り切れている．$\sqrt{5}$ を用いると，素数 61 は $61 = (9+2\sqrt{5})(9-2\sqrt{5})$ のように分解される．

10.2.4 辺の中点を ∞ に立体射影する場合

次に，辺の中点が ∞ に立体射影される場合を計算する．

球面 S に内接する正 20 面体で，$(0, 0, \pm 1)$ を辺の中点の射影とし，$\left(\sin\dfrac{\theta_1}{2}, 0, \cos\dfrac{\theta_1}{2}\right)$ を 1 つの頂点とするものを，$R = \mathrm{Ic}(1)$ とする．$\mathrm{Ic}(1)$ の頂点を立体射影した点は，

$$\pm\tan\frac{\theta_1}{4}, \quad \pm\left(\tan\frac{\theta_1}{4}\right)^{-1}, \quad \pm i\tan\frac{\theta_1'}{2}, \quad \pm i\left(\tan\frac{\theta_1'}{2}\right)^{-1}, \quad \pm\mathrm{e}^{\pm i\theta_1/2}$$

である．

これらを根とするモニック多項式を $\dfrac{1}{\sqrt{5}}\,F_R{}^{\{0\}}(X)$ とおくと，

$$
\begin{aligned}
&F_R{}^{\{0\}}(X)\\
&=\sqrt{5}\Big(X^4-\Big(\Big(\tan\frac{\theta_1}{4}\Big)^2+\Big(\tan\frac{\theta_1}{4}\Big)^{-2}\Big)X^2+1\Big)\\
&\quad\times\Big(X^4-\Big(\Big(\tan\frac{\theta_1'}{2}\Big)^2+\Big(\tan\frac{\theta_1'}{2}\Big)^{-2}\Big)X^2+1\Big)(X^4-2(\cos\theta_1)X^2+1)\\
&=(X^4-(8+2\sqrt{5})X^2+1)(X^4+(8-2\sqrt{5})X^2+1)(\sqrt{5}X^4-2X^2+\sqrt{5})\\
&=\sqrt{5}X^{12}-11\cdot 2X^{10}-11\cdot 3\sqrt{5}X^8+11\cdot 4X^6-11\cdot 3\sqrt{5}X^4-11\cdot 2X^2+\sqrt{5}
\end{aligned}
$$

となる．$12-1=11$ は素数であり，この多項式の中間項は 11 で割り切れている．$\sqrt{5}$ を用いると，素数 11 は $11=(4+\sqrt{5})(4-\sqrt{5})$ のように分解される．

これに対し，

$$
\begin{aligned}
F(x,y)&=y^{12}F_R{}^{\{0\}}\left(\frac{x}{y}\right)\\
&=\sqrt{5}x^{12}-22x^{10}y^2-33\sqrt{5}x^8y^4+44x^6y^6-33\sqrt{5}x^4y^8-22x^2y^{10}+\sqrt{5}y^{12}
\end{aligned}
$$

とおき，さらに

$$H(x, y) = C_1 \begin{vmatrix} F_{xx} & F_{xy} \\ F_{yx} & F_{yy} \end{vmatrix}, \quad T(x, y) = C_2 \begin{vmatrix} F_x & F_y \\ H_x & H_y \end{vmatrix}$$

とおく．定数 C_1, C_2 は後で定める．

　計算すると，

$$\begin{aligned} H(x, y) = &-44^2\sqrt{5}\,C_1\,(3\,x^{20} + 38\sqrt{5}\,x^{18}\,y^2 - 57\,x^{16}\,y^4 + 456\sqrt{5}\,x^{14}\,y^6 \\ &- 1482\,x^{12}\,y^8 - 988\sqrt{5}\,x^{10}\,y^{10} - 1482\,x^8\,y^{12} \\ &+ 456\sqrt{5}\,x^6\,y^{14} - 57\,x^4\,y^{16} + 38\sqrt{5}\,x^2\,y^{18} + 3\,y^{20}) \end{aligned}$$

となる．そこで $C_1 = -\dfrac{1}{44^2\sqrt{5}}$ とおく．

　さらに，

$$\begin{aligned} T(x, y) = 32\,C_2\,x\,y\,(&225(x^{28} - y^{28}) + 29\cdot 20\sqrt{5}\,(x^{26}\,y^2 - x^2\,y^{26}) \\ &+ 29\cdot 549\,(x^{24}\,y^4 - x^4\,y^{24}) - 29\cdot 720\sqrt{5}\,(x^{22}\,y^6 - x^6\,y^{22}) \\ &+ 29\cdot 3105\,(x^{20}\,y^8 - x^8\,y^{20}) + 29\cdot 1380\sqrt{5}\,(x^{18}\,y^{10} - x^{10}\,y^{18}) \\ &+ 29\cdot 19665\,(x^{16}\,y^{12} - x^{12}\,y^{16})) \end{aligned}$$

となる．そこで $C_2 = \dfrac{1}{32}$ とおく．

　したがって，$\varphi(\mathrm{Ic}(1)_{S}{}^2)$ の点を根とする多項式が，

$$\begin{aligned} H(X, 1) = &3\,X^{20} + 19\cdot 2\sqrt{5}\,X^{18} - 19\cdot 3\,X^{16} + 19\cdot 24\sqrt{5}\,X^{14} \\ &- 19\cdot 78\,X^{12} - 19\cdot 52\sqrt{5}\,X^{10} - 19\cdot 78\,X^8 \\ &+ 19\cdot 24\sqrt{5}\,X^6 - 19\cdot 3\,X^4 + 19\cdot 2\sqrt{5}\,X^2 + 3 \end{aligned}$$

で与えられる．これを $F_R{}^{\{2\}}(X)$ とおく．$20 - 1 = 19$ は素数であり，この多項式の中間項は 19 で割り切れている．$19 = (2\sqrt{5}+1)\,(2\sqrt{5}-1)$ は既出である．

また，$\varphi(\mathrm{Ic}(1)_S{}^1) \smallsetminus \{\infty\}$ の点を根とする多項式が，

$$T(X, 1) = 225(X^{29} - X) + 29 \cdot 20\sqrt{5}\,(X^{27} - X^3) + 29 \cdot 549\,(X^{25} - X^5)$$
$$- 29 \cdot 720\sqrt{5}\,(X^{23} - X^7) + 29 \cdot 3105\,(X^{21} - X^9)$$
$$+ 29 \cdot 1380\sqrt{5}\,(X^{19} - X^{11}) + 29 \cdot 19665\,(X^{17} - X^{13})$$

で与えられる．これを $F_R{}^{\{1\}}(X)$ とおく．その次数 29 は素数であり，中間項は 29 で割り切れている．$29 = (7 + 2\sqrt{5})\,(7 - 2\sqrt{5})$ は既出である．

よって，$\varphi(\mathrm{Ic}(1)_S{}^0 \cup \mathrm{Ic}(1)_S{}^2)$ の点を根とする多項式は，

$$F(X, 1)\,H(X, 1)$$
$$= 3\sqrt{5}\,(X^{32} + 1) + 31 \cdot 4\,(X^{30} + X^2) - 31 \cdot 32\sqrt{5}\,(X^{28} + X^4)$$
$$- 31 \cdot 84\,(X^{26} + X^6) - 31 \cdot 260\sqrt{5}\,(X^{24} + X^8) - 31 \cdot 1820\,(X^{22} + X^{10})$$
$$+ 31 \cdot 2912\sqrt{5}\,(X^{20} + X^{12}) + 31 \cdot 1900\,(X^{18} + X^{14}) + 31 \cdot 1102\sqrt{5}\,X^{16}$$

で与えられる．これを $F_R{}^{\{0,\,2\}}(X)$ とおく．$32 - 1 = 31$ は素数であり，この多項式の中間項は 31 で割り切れている．$31 = (6 + \sqrt{5})\,(6 - \sqrt{5})$ は既出である．

また，$\varphi(\mathrm{Ic}(1)_S{}^1 \cup \mathrm{Ic}(1)_S{}^0) \smallsetminus \{\infty\}$ の点を根とする多項式は，

$$F(X, 1)\,T(X, 1)$$
$$= 225\sqrt{5}(X^{41} - X) - 41 \cdot 50(X^{39} - X^3) - 41 \cdot 104\sqrt{5}(X^{37} - X^5)$$
$$- 41 \cdot 13182(X^{35} - X^7) + 41 \cdot 1027\sqrt{5}(X^{33} - X^9) + 41 \cdot 55224(X^{31} - X^{11})$$
$$- 41 \cdot 115568\sqrt{5}(X^{29} - X^{13}) - 41 \cdot 294872(X^{27} - X^{15})$$
$$- 41 \cdot 490854\sqrt{5}(X^{25} - X^{17}) + 41 \cdot 701220(X^{23} - X^{19})$$

で与えられる．これを $F_R{}^{\{0,\,1\}}(X)$ とおく．その次数 41 は素数であり，中間項は 41 で割り切れている．$41 = (3\sqrt{5} + 2)\,(3\sqrt{5} - 2)$ は既出である．

また，$\varphi(\mathrm{Ic}(1)_S{}^1 \cup \mathrm{Ic}(1)_S{}^2) \smallsetminus \{\infty\}$ の点を根とする多項式は，

$$H(X, 1)\, T(X, 1)$$
$$= 625\,(X^{49} - X) + 7 \cdot 1470\sqrt{5}\,(X^{47} - X^3)$$
$$\quad + 7 \cdot 20734\,(X^{45} - X^5) + 7 \cdot 87414\sqrt{5}\,(X^{43} - X^7)$$
$$\quad - 7 \cdot 516516\,(X^{41} - X^9) + 7 \cdot 1558578\sqrt{5}\,(X^{39} - X^{11})$$
$$\quad - 7 \cdot 10031126\,(X^{37} - X^{13}) + 7 \cdot 10701066\sqrt{5}\,(X^{35} - X^{15})$$
$$\quad + 7 \cdot 634809\,(X^{33} - X^{17}) + 7 \cdot 18309228\sqrt{5}\,(X^{31} - X^{19})$$
$$\quad - 7 \cdot 171439796\,(X^{29} - X^{21}) - 7 \cdot 120145956\sqrt{5}\,(X^{27} - X^{23})$$

で与えられる．これを $F_R{}^{\{1,\,2\}}(X)$ とおく．その次数は素数 7 の 2 乗であり，中間項は 7 で割り切れている．

そして，$\varphi(\mathrm{Ic}(1)_S) \smallsetminus \{\infty\}$ の点を根とする多項式は，

$$F(X, 1)\, H(X, 1)\, T(X, 1)$$
$$= 675\sqrt{5}\,(X^{61} - X) + 61 \cdot 600\,(X^{59} - X^3) - 61 \cdot 1697\sqrt{5}\,(X^{57} - X^5)$$
$$\quad - 61 \cdot 29536\,(X^{55} - X^7) - 61 \cdot 351417\sqrt{5}\,(X^{53} - X^9)$$
$$\quad + 61 \cdot 619736\,(X^{51} - X^{11}) - 61 \cdot 2770745\sqrt{5}\,(X^{49} - X^{13})$$
$$\quad - 61 \cdot 2360960\,(X^{47} - X^{15}) + 61 \cdot 20650987\sqrt{5}\,(X^{45} - X^{17})$$
$$\quad - 61 \cdot 272521480\,(X^{43} - X^{19}) + 61 \cdot 19723627\sqrt{5}\,(X^{41} - X^{21})$$
$$\quad - 61 \cdot 155990240\,(X^{39} - X^{23}) + 61 \cdot 1014417859\sqrt{5}\,(X^{37} - X^{25})$$
$$\quad + 61 \cdot 1136063096\,(X^{35} - X^{27}) - 61 \cdot 287212093\sqrt{5}\,(X^{33} - X^{29})$$

で与えられる．これを $F_R{}^{\{0,\,1,\,2\}}(X)$ とおく．その次数は素数 61 であり，中間項は 61 で割り切れている．$61 = (9 + 2\sqrt{5})\,(9 - 2\sqrt{5})$ は既出である．

(1) $\varphi(x_1,\, x_2,\, x_3) = \dfrac{x_1 + i\, x_2}{1 + x_3}$ に対し,

$$\varphi(\sin\theta,\, 0,\, \cos\theta) = \tan\frac{\theta}{2}$$

を確かめよ.

(2) $0 < \theta_1 < \pi$, $\tan\theta_1 = 2$ のとき, $\tan\dfrac{\theta_1}{2}$ を求めよ.

(3) 次の $F(x,\, y)$ に対し,

$$H(x,\, y) = \begin{vmatrix} F_{x\,x} & F_{x\,y} \\ F_{y\,x} & F_{y\,y} \end{vmatrix}, \quad T(x,\, y) = \begin{vmatrix} F_x & F_y \\ H_x & H_y \end{vmatrix}$$

を求めよ.

(a) $F(x,\, y) = x^5\, y - x\, y^5$

(b) $F(x,\, y) = x^6 + 5\sqrt{2}\, x^3\, y^3 - y^6$

(c) $F(x,\, y) = x^6 - 5\, x^4\, y^2 - 5\, x^2\, y^4 + y^6$

略解

(1) ヒント：円周角と中心角の関係.

(2) $\tan\dfrac{\theta_1}{2} = \dfrac{\sqrt{5} - 1}{2}$.

(3) (a) $H = -25\,(x^8 + 14\, x^4\, y^4 + y^8)$,

$\quad\quad T = 200\,(x^{12} - 33\, x^8\, y^4 - 33\, x^4\, y^8 + y^{12})$.

(b) $H = 450\, x\, y\,(2\sqrt{2}\, x^6 - 7\, x^3\, y^3 - 2\sqrt{2}\, y^6)$,

$\quad\quad T = 5400\sqrt{2}\,(x^{12} - 22\sqrt{2}\, x^9\, y^3 - 22\sqrt{2}\, x^3\, y^9 - y^{12})$.

(c) $H = -100\,(3\, x^8 + 28\, x^6\, y^2 - 14\, x^4\, y^4 + 28\, x^2\, y^6 + 3\, y^8)$,

$$T = -6400\,x\,y\,(9\,x^{10} + 11\,x^8\,y^2 + 66\,x^6\,y^4 - 66\,x^4\,y^6 - 11\,x^2\,y^8$$
$$-y^{10}).$$

11 | 合同式から有限体へ

合同式は，可換環とそのイデアルという抽象概念を生む．そこを通して再び，有限体という具体的対象にたどり着く．

《キーワード》合同式，可換環，体，イデアル，剰余環，有限体

11.1 環と可換環

11.1.1 合同式と乗法

既に述べたように，整数全体の集合 $\mathbb{Z}$ は加法についてアーベル群をなす．整数 m の倍数全体の集合 $m\mathbb{Z}$ は，$\mathbb{Z}$ の部分群である．$m \geq 2$ のとき，剰余群 $\mathbb{Z}/m\mathbb{Z}$ は m 次巡回群である．集合 $\mathbb{Z}/m\mathbb{Z}$ は，剰余類

$$a + m\mathbb{Z} = \{a + mx \mid x \in \mathbb{Z}\}$$

の集合である．整数 a, b に対する合同式 $a \equiv b \mod m$ は，$\mathbb{Z}/m\mathbb{Z}$ における等式 $a + m\mathbb{Z} = b + m\mathbb{Z}$ と見なすことができる．これは $a - b \in m\mathbb{Z}$ に同値である．

整数には，加法だけでなく乗法も定義されている．乗法は $\mathbb{Z}/m\mathbb{Z}$ にも定義される．

補題 11.1 $a, x, x' \in \mathbb{Z}$ に対し，$x \equiv x' \mod m$ ならば，$ax \equiv ax' \mod m$.

証明 $x - x' \in m\mathbb{Z}$ より，$ax - ax' = a(x - x') \in m\mathbb{Z}$. □

ここで，

- $a \in \mathbb{Z}$, $y \in m\mathbb{Z}$ ならば $ay \in m\mathbb{Z}$

という性質を用いた．これが後に定義する **イデアル** という概念につながる．

命題 11.2　$a, a', b, b' \in \mathbb{Z}$ に対し，$a \equiv a' \mod m$, $b \equiv b' \mod m$ ならば，

$$ab \equiv a' b' \mod m.$$

証明　$ab \equiv ab' \equiv a' b' \mod m.$　□

この命題は，$\mathbb{Z}/m\mathbb{Z}$ 上の乗法が，

$$(a + m\mathbb{Z})(b + m\mathbb{Z}) = ab + m\mathbb{Z}$$

によって無事に定義される (well-defined) と言っているのである．

11.1.2 集合と構造

前章までに，正多面体から出発して，いろいろな整数係数の多項式を得た．これらの多項式を

　　　　$\mathbb{Z}/m\mathbb{Z}$ **係数で考える**

というのがこれからやりたいことである．そのために，まず加法・乗法をもつ集合 $\mathbb{Z}/m\mathbb{Z}$ の構造について詳しく調べ，さらに係数が $\mathbb{Z}/m\mathbb{Z}$ に属する多項式というものをきちんと定義するにはどうしたらよいかを考える．

集合 $\mathbb{Z}/m\mathbb{Z}$ 上の乗法は，$\mathbb{Z}$ 上の乗法からいくつかの属性を引き継いでいる．それは，$\mathbb{Z}/m\mathbb{Z}$ 上の加法が $\mathbb{Z}$ 上の加法から属性を引き継いでいることと同様である．

加法については，$\mathbb{Z}/m\mathbb{Z}$ と $\mathbb{Z}$ の関係を論じる際，これらがいずれもアーベル群であるというところに立脚した．と言うより，立脚できる地

点を得るためにアーベル群という概念を新たに導入した．それは，引き継がれるべき属性のリストを並べたものを公理とする概念である．

概念 A と B の関係を論じる際，これらの上位概念 X に，すなわち「A は X である」「B は X である」がいずれも真であるような概念 X にさかのぼり，上位概念 X の下で A と B を比較する．たとえば柴刈り・洗濯の上位概念として労働があり，桃・黍の上位概念として植物があり，犬・猿・雉の上位概念として動物がある．しかし一般には，より上位の概念を構築するのは容易なことではない．むしろ，最初に最上位の概念を『えいやっ』と決めてしまって，そこから降りていく方がやりやすい．

現代数学では，最上位の概念として **集合** を置く．他のすべての対象は，何らかの意味で集合であるものとして構成される．すべての対象が集合という下部構造の上に構成される，と言うこともできる．集合のすぐ下には『構造をもつ集合』とよばれるいくつかの概念を置く．これが，20 世紀前半に結成された秘密結社ブルバキ (Bourbaki) の目論見であった．一度はかぶれておくべき思想である．

加法・乗法をもつ集合である $\mathbb{Z}/m\mathbb{Z}$, $\mathbb{Z}$ やその他の加法・乗法をもつ集合の間の関係を論じるために，『加法・乗法をもつ集合と，それらすべてに引き継がれるべき属性のリスト』という形の上位概念を準備する．それが **環** というものであり，これもまた『構造をもつ集合』の一つである．

これからの話では，環という上位概念の下で，$\mathbb{Z}/m\mathbb{Z}$ の乗法の属性がどのように $\mathbb{Z}$ の乗法から引き継がれるのか，さらに $\mathbb{Z}/m\mathbb{Z}$ 係数の多項式とは何か，その根とは何か，などを考えていく．

11.1.3 トポロジーと圏

　こうしてさまざまな数学が『構造をもつ集合』の言語で記述されるようになった. そうなると, 異なる構造の間の関係が問題になってくる.

　たとえば, 多面体や曲面などの空間概念の上位概念／下部構造である **位相空間** というものが, やはり『構造をもつ集合』として定義される. 位相空間の公理にはたがいに同値な複数のものがある. その一つは **閉集合** の概念に基づくものである.

定義 11.1　集合 X の部分集合の族 $\mathcal{F}$ が

(1) $\varnothing, X \in \mathcal{F}$
(2) 任意の $A, B \in \mathcal{F}$ に対し, $A \cup B \in \mathcal{F}$
(3) 任意の $\mathcal{E} \subset \mathcal{F}$ に対し, $\displaystyle\bigcap_{A \in \mathcal{E}} A \in \mathcal{F}$

をみたすとき, $(X, \mathcal{F})$ は位相空間であると言い, $\mathcal{F}$ に属する X の部分集合を **閉集合** とよぶ.

　閉集合は, 『収束する点列に対しその極限を取る操作』について **閉じている**, というニュアンスをもつ言葉である. 『方程式が定める図形』の抽象化でもある.

　このように, 位相空間の公理は群の公理とは似ても似つかぬ姿をしている. その一方で, 位相空間に対して群を構成する『自然な』操作がいろいろあり, これらがトポロジー の中核をなしている. たとえば, 多面体の頂点・辺・面の個数を数えることが, 巡り巡ってそのような操作を与える (**ホモロジー**). その自然さを, 意味のぶれのないように言葉にするにはどうしたらよいだろうか.

　集合に構造 A を付加すると, 写像の中で『構造 A を保つ写像』に限定して考えることができる. どのような構造であっても, 写像を特定のも

のに限定する，という点においては同じことをしている．そこで，集合上に与えた構造そのものより，構造によって限定された写像の方に関心を移すことで，異なる構造の間の関係を捉える．

群も『構造をもつ集合』の中の一つであり，その場合，『構造を保つ写像』は準同型に他ならない．位相空間の場合は，**連続写像** というものである．

定義 11.2　位相空間 X, Y に対し，写像 $f: X \to Y$ が **連続である** とは，Y の任意の閉集合 B に対し，$f^{-1}(B)$ が X の閉集合であることである．

集合上に付加する構造のタイプはさまざまだが，『構造をもつ集合』の間の『構造を保つ写像』に着目すると，これらは **圏** (category) とよばれる共通の秩序を形成している．これは，集合の間の写像のもつ属性のうち，『構造を保つ写像』に引き継がれるべき属性のリストを公理とする概念である．

『構造 A をもつ集合』から『構造 B をもつ集合』を構成する『自然な』操作があるとき，それは，構造 A に対する圏から構造 B に対する圏への **関手** (functor) というものとして捉えられる．

11.1.4　環と体の定義

定義 11.3　(1) 集合 A の 2 つの元 x, y に，$x + y \in A$ を対応させる演算（加法）と，$xy \in A$ を対応させる演算（乗法）が与えられていて，次の条件（環の公理）をみたすとき，A は **環** (ring) であると言う．

(a) A は加法についてアーベル群である．加法についての単位元を 0 で表し，$x \in A$ の逆元を $-x$ で表す．

(b) 乗法の結合則 $x(yz) = (xy)z$ が成り立つ．

(c) (分配則) 任意の $a, x, y \in A$ に対し，$a(x + y) = ax + ay$,

$$(x+y)\,a = x\,a + y\,a.$$

(2) さらに乗法の可換則 $xy = yx$ が成り立つとき，A は **可換環** (commutative ring) であると言う．

(3) 乗法の単位元 1 をもつ環 A の元 $a \in A$ で，$ab = ba = 1$ となる元 $b \in A$ が存在するものを，A の **単元** と言う．A の単元全体の集合を $A^\times$ で表す．これは乗法について群になる．$A^\times$ を A の **乗法群** あるいは **単数群** と言う．

(4) 乗法の単位元 $1 (\neq 0)$ をもつ可換環 K の 0 でない任意の元が単元であるとき，K は **体** (field) であると言う．

　環の乗法の単位元を 1 で表す．可換環の場合，元 x の乗法に関する逆元を $\dfrac{1}{x}$ で表す．

定義 11.4　環 A の部分集合 B が

(1) 加法について B は A の部分群である．
(2) 任意の $x, y \in B$ に対し，$xy \in B$.

をみたすとき，B は A の **部分環** (subring) であると言う．

　群，環，圏，点，線，面，円，根，微分，積分のように『ん』で終わる数学用語には重要なものが多い．

11.1.5 環と体の例

例 11.3　(1) 有理数全体の集合 $\mathbb{Q}$, 実数全体の集合 $\mathbb{R}$, 複素数全体の集合 $\mathbb{C}$ は，いずれも体である．それぞれ，**有理数体**，**実数体**，**複素数体** とよぶ．

(2) 整数全体の集合 $\mathbb{Z}$ は可換環である．これを **有理整数環** とよぶ．（なぜ『有理』がついているのかと言うと，整数環という用語は後

のために取っておきたいのである.)

(3) $\mathbb{Z}$ は体ではない. たとえば, $2 \in \mathbb{Z}$ だが $\frac{1}{2}$ は整数ではない.

(4) 可換環 A に対し, A の元を係数とする変数 X の多項式全体の集合を $A[X]$ で表す. $A[X]$ も可換環である. これを A **係数の 1 変数多項式環** とよぶ.

(5) 可換環 A の元を係数とする変数 $X_1, \ldots, X_n$ の多項式全体の集合を $A[X_1, \ldots, X_n]$ で表す. $A[X_1, \ldots, X_n]$ は可換環である. これを A **係数の n 変数多項式環** とよぶ.

(6) 有理式 $\frac{f}{g}$ $(f, g \in A[X_1, \ldots, X_n], \ g \neq 0)$ 全体の集合を $A(X_1, \ldots, X_n)$ で表す. $A(X_1, \ldots, X_n)$ は体である. これを A **係数の n 変数有理関数体** とよぶ.

(7) 環 A に対し, A の元を成分とする n 次正方行列全体の集合を $\mathrm{M}_n(A)$ で表す. $\mathrm{M}_n(A)$ も環である. これを A **係数の n 次全行列環** とよぶ.

(8) 可換環 A が $ab \neq 0$ となる元 a, b をもつとき, $n \geq 2$ に対し, $\mathrm{M}_n(A)$ は可換環にならない. たとえば,

$$\begin{bmatrix} 0 & a \\ 0 & 0 \end{bmatrix} \begin{bmatrix} 0 & 0 \\ 0 & b \end{bmatrix} = \begin{bmatrix} 0 & ab \\ 0 & 0 \end{bmatrix}, \quad \begin{bmatrix} 0 & 0 \\ 0 & b \end{bmatrix} \begin{bmatrix} 0 & a \\ 0 & 0 \end{bmatrix} = \begin{bmatrix} 0 & 0 \\ 0 & 0 \end{bmatrix}.$$

(9) $A = \{0\}$ は可換環である. このとき 0 は乗法の単位元でもある. われわれの定義では, $\{0\}$ は体ではない.

(10) 整数 m に対し, $\mathbb{Z}/m\mathbb{Z}$ 上に加法と乗法を定義した. これによって $\mathbb{Z}/m\mathbb{Z}$ は可換環になる. $1 + m\mathbb{Z}$ は乗法の単位元である.

定理 11.1 素数 p に対し, $\mathbb{Z}/p\mathbb{Z}$ は体である.

証明 $(\mathbb{Z}/p\mathbb{Z}) \setminus \{p\mathbb{Z}\}$ が乗法について群であることを示す.

$1+p\mathbb{Z}$ は単位元である．あとは逆元の存在を言えばよい．

p の倍数でない任意の整数 a に対し，$ax+py=1$ となる整数 x,y が存在する．$x+p\mathbb{Z}$ は $a+p\mathbb{Z}$ の逆元である．　　　　　　　　□

体 $\mathbb{Z}/p\mathbb{Z}$ を $\mathbb{F}_p$ あるいは $\mathrm{GF}(p)$ とも書く．

体であって有限集合であるものを，**有限体** と言う．$\mathbb{F}_p$ は有限体である．

これからわれわれは，正多面体に導かれて，有限体の世界に足を踏み入れる．しかしその前に，いくつかのアイテムを身に帯びておかなければならない．

11.2 イデアルと準同型

11.2.1 イデアル

集合 $\mathbb{Z}/m\mathbb{Z}$ 上に乗法を導入する際，鍵となったのは，

- $a\in\mathbb{Z}$, $x\in m\mathbb{Z}$ ならば $ax\in m\mathbb{Z}$

という性質であった．そこで次の概念を導入する．

定義 11.5　可換環 A の部分集合 I が **イデアル** であるとは，次の条件をみたすことである．

(1) 加法について，I は A の部分群である．

(2) 任意の $a\in A$, $x\in I$ に対し，$ax\in I$.

体 K のイデアルは，$\{0\}$ と K のみである．

定義 11.6　(1) 可換環 A の元 f に対し，$(f)=\{af\mid a\in A\}$ は A のイデアルである．これを，f で **生成される** イデアルと言う．

(2) $f_1,\ldots,f_n\in A$ に対し，

$$(f_1,\ldots,f_n)=\{a_1f_1+\cdots+a_nf_n\mid a_1,\ldots,a_n\in A\}$$

は A のイデアルである．これを，$f_1, \ldots, f_n$ で **生成される** イデアルと言う．

(3) A のイデアル I が $I = (f_1, \ldots, f_n)$ と書けるとき，I は **有限生成** であると言い，$f_1, \ldots, f_n$ を I の **生成元** と言う．

(4) A のイデアル I が $I = (f)$ と書けるとき，I は **単項イデアル** であると言う．

例 11.4 $m \in \mathbb{Z}$ に対し，$m\mathbb{Z}$ は m で生成される $\mathbb{Z}$ の単項イデアルである．$-m$ も $m\mathbb{Z}$ を生成する．

11.2.2 剰余環

可換環 A とそのイデアル I に対し，加法に関する剰余群 A/I に，乗法が定義される．これは $\mathbb{Z}/m\mathbb{Z}$ の場合の一般化である．

補題 11.5 可換環 A とそのイデアル I，および $a, x, x' \in A$ に対し，$x + I = x' + I$ ならば，$ax + I = ax' + I$．

証明 $x - x' \in I$ より，$ax - ax' = a(x - x') \in I$. □

定理 11.2 可換環 A とそのイデアル I において，

(1) $a, a', b, b' \in A$ に対し，$a + I = a' + I$, $b + I = b' + I$ ならば，

$$ab + I = a'b' + I.$$

(2) $(a + I)(b + I) = ab + I$ により，商集合 A/I 上に乗法が無事に定義される (well-defined)．このとき，A/I は可換環になる．

証明 (1) $ab + I = ab' = a'b' + I$. (2) 略. □

可換環 A/I を，A のイデアル I による **剰余環** と言う.

剰余環の構成によって，可換環の豊富な例を構成することができる.

例 11.6　可換環 $\mathbb{R}[X, Y]/(X^2 + Y^2 - 1)$ の元は，XY 平面上の円 $X^2 + Y^2 - 1 = 0$ 上の実数値関数として解釈される.

このように，イデアルと剰余環は，『方程式とは何か』という問いに答えるものとなっている.

11.2.3 可換環の準同型と同型

以下，可換環と言ったら単位元 1 をもつものとする.

定義 11.7　可換環 A から可換環 B への写像 $\varphi: A \to B$ が **準同型** であるとは,

(1) 任意の $x, y \in A$ に対し，$\varphi(x + y) = \varphi(x) + \varphi(y)$，$\varphi(xy) = \varphi(x)\varphi(y)$.
(2) $\varphi(1) = 1$.

が成り立つことである.　このとき，B を A **代数** (A-algebra) とよぶ.

定義 11.8　可換環 A から可換環 B への写像 $\varphi: A \to B$ が **同型** (iso-morphism) であるとは,

(1) φ は 1 対 1 対応
(2) φ, φ^{-1} は準同型

が成り立つことである.

このとき次が成立する.

(1) 可換環 A に対し，恒等写像 $\mathrm{id}: A \to A$ は同型である.

(2) 同型 $\varphi\colon A_1 \to A_2$ に対し，逆写像 $\varphi^{-1}\colon A_2 \to A_1$ は同型である．

(3) 同型 $\varphi_1\colon A_1 \to A_2$, $\varphi_2\colon A_2 \to A_3$ に対し，合成 $\varphi_2 \circ \varphi_1\colon A_1 \to A_3$ は同型である．

写像 $\varphi\colon A_1 \to A_2$ が準同型かつ 1 対 1 対応ならば，$\varphi^{-1}\colon A_2 \to A_1$ も準同型である．よって φ は同型である．

定義 11.9 可換環 A_1 から可換環 A_2 への同型写像が存在するとき，A_1 は A_2 に **同型である** (isomorphic) と言い，$A_1 \cong A_2$ で表す．

可換環の間の『同型である』という関係は **同値関係** である．

11.2.4 可換環の準同型定理

定理 11.3 可換環 A, B と準同型 $\varphi\colon A \to B$ に対し，

(1) $\mathrm{Im}(\varphi) = \varphi(A)$ は B の部分環である．

(2) $\mathrm{Ker}(\varphi) = \varphi^{-1}(0)$ は A のイデアルである．

$\mathrm{Ker}(\varphi) = \{0\}$ であることは，φ が単射であることに同値である．

$\mathrm{Ker}(\varphi) = \{0\}$, $\mathrm{Im}(\varphi) = B$ であることは，φ が同型であることに同値である．

定理 11.4 可換環 A, B と A のイデアル I および準同型 $\varphi\colon A \to B$ に対し，$\varphi(I) = \{0\}$ ならば，

(1) 写像 $\overline{\varphi}\colon A/I \to B$ で，

  - 任意の $x \in A$ に対し，$\overline{\varphi}(x + I) = \varphi(x)$

  となるものがただ一つ存在する．

(2) $\overline{\varphi}\colon A/I \to B$ は準同型である．

写像 $\overline{\varphi}\colon A/I \to B$ を，$\varphi\colon A \to B'$ によって **誘導される** 準同型とよぶ．

定理 11.5（準同型定理）　可換環 A, B と準同型 $\varphi\colon A \to B$ に対し，$I = \mathrm{Ker}(\varphi)$ とおくとき，誘導される準同型 $\bar{\varphi}\colon A/I \to \mathrm{Im}(\varphi)$, $x + I \mapsto \varphi(x)$ は同型である．

演習問題

(1) 有理整数環 $\mathbb{Z}$ のイデアルで 99, 999 で生成されるもの (99, 999) を単項イデアルとして表せ．

(2) 多項式環 $\mathbb{R}[X]$ のイデアルで $X^2 - 1$, $X^3 - 1$ で生成されるもの $(X^2 - 1, X^3 - 1)$ を単項イデアルとして表せ．

略解

(1) $(99, 999) = (9)$.

(2) $(X^2 - 1, X^3 - 1) = (X - 1)$.

12 │ 可換環上の線形代数

線形代数では，数（スカラー）・ベクトル・行列という量を扱う．数の集合を可換環に一般化するとき，ベクトルの集合は加群に一般化され，行列は加群の間の準同型に一般化される．

《キーワード》加群，1次独立，自由加群，基底，次元

12.1 可換環上の加群

12.1.1 加群の定義

可換環と言ったら，乗法の単位元 1 をもつものとする．

定義 12.1 可換環 A と加法群 M に対し，$a \in A$ と $u \in M$ の積 $au \in M$ が与えられていて，次の条件をみたすとき，M は A 上の **加群** あるいは A **加群** (A-module) であると言う．

(1) 任意の $a \in A$, $u, v \in M$ に対し，$a(u+v) = au + av$.

(2) 任意の $a, b \in A$, $u \in M$ に対し，$(a+b)u = au + bu$, $(ab)u = a(bu)$.

(3) 任意の $u \in M$ に対し，$1u = u$.

また，M の加法群としての部分群 N が，条件

* 任意の $a \in A$, $u \in N$ に対し，$au \in N$

をみたすとき，N は M の **部分加群** (submodule) である，あるいは **部分 A 加群** であると言う．

例 12.1　(1) アーベル群は $\mathbb{Z}$ 加群である.

(2) 可換環 A に対し, A は A 加群である. A のイデアルとは, A の部分 A 加群のことに他ならない.

命題 12.2　可換環 A 上の加群 M とその部分加群 N に対し, アーベル群としての剰余群 M/N 上に,

$$a\,(u+N) = a\,u+N \quad (a \in A,\, u \in M)$$

によって, A 加群としての構造が無事に定義される (well-defined).

このとき, A 加群 M/N を **剰余加群** と言う.

12.1.2 加群の準同型

定義 12.2　可換環 A と A 加群 M, M' に対し, 写像 $\varphi \colon M \to M'$ が A **準同型** であるとは,

(1) 任意の $u, v \in M$ に対し, $\varphi(u+v) = \varphi(u) + \varphi(v)$.

(2) 任意の $a \in A$, $u \in M$ に対し, $\varphi(a\,u) = a\,\varphi(u)$.

が成り立つことである.

A 加群 M_1, M_2, M_3 と A 準同型 $\varphi_1 \colon M_1 \to M_2$, $\varphi_2 \colon M_2 \to M_3$ に対し, 合成 $\varphi_2 \circ \varphi_1 \colon M_1 \to M_3$ は A 準同型である.

A 加群 M とその部分 A 加群 N に対し, 包含写像 $i \colon N \to M$ は A 準同型である.

定義 12.3　可換環 A と A 加群 M, M' に対し, 写像 $\varphi \colon M \to M'$ が A **同型** であるとは, 次の条件が成り立つことである.

(1) φ は 1 対 1 対応.

(2) φ, φ^{-1} は A 準同型.

写像 $\varphi: M \to M'$ が A 準同型かつ 1 対 1 対応ならば, $\varphi^{-1}: M' \to M$ も A 準同型である. よって φ は A 同型である.

定義 12.4 A 加群 M から M' への A 同型写像が存在するとき, M は M' に **同型である** と言い, $M \cong M'$ で表す.

A 加群の間の『同型である』という関係は同値関係である.

12.1.3 核・像・準同型定理

命題 12.3 可換環 A 上の加群 M, M' と A 準同型 $\varphi: M \to M'$ に対し,

(1) $\mathrm{Ker}(\varphi) = \varphi^{-1}(\mathbf{0})$ は M の部分加群である. これを φ の **核** と言う.

(2) $\mathrm{Im}(\varphi) = \varphi(M)$ は M' の部分加群である. これを φ の **像** と言う.

$\mathrm{Ker}(\varphi) = \{\mathbf{0}\}$ であることは, φ が単射であることに同値である.

$\mathrm{Ker}(\varphi) = \{\mathbf{0}\}$, $\mathrm{Im}(\varphi) = M'$ であることは, φ が A 同型であることに同値である.

命題 12.4 可換環 A 上の加群 M, M' と M の部分加群 N, および A 準同型 $\varphi: M \to M'$ に対し, $\varphi(N) = \{\mathbf{0}\}$ ならば,

(1) 写像 $\overline{\varphi}: M/N \to M'$ で,
   - 任意の $u \in M$ に対し, $\overline{\varphi}(u + N) = \varphi(u)$

   となるものがただ一つ存在する.

(2) $\overline{\varphi}: M/N \to M'$ は A 準同型である.

写像 $\overline{\varphi}: M/N \to M'$ を, $\varphi: M \to M'$ によって **誘導される** A 準同型 とよぶ.

定理 12.1（準同型定理）　可換環 A 上の加群 M, M' と A 準同型 $\varphi\colon M \to M'$ に対し，$N = \mathrm{Ker}(\varphi)$ とおくとき，誘導される A 準同型 $\overline{\varphi}\colon M/N \to \mathrm{Im}(\varphi)$, $u + N \mapsto \varphi(u)$ は A 同型である.

12.2 自由加群と行列

12.2.1 直和と自由加群

定義 12.5　可換環 A と A 加群 M_1, M_2 に対し，アーベル群の直積 $M_1 \times M_2$ に，$a \in A$ と $(u_1, u_2) \in M_1 \times M_2$ の積を

$$a\,(u_1,\, u_2) = (a\,u_1,\, a\,u_2)$$

で定めると，$M_1 \times M_2$ は A 加群になる. これを $M_1 \oplus M_2$ と書き，M_1 と M_2 の **直和** と言う.

　なぜ $M_1 \oplus M_2$ という新しい記号をわざわざ導入するかと言うと，**テンソル積** $M_1 \otimes M_2$ という別のものがあって，$M_1 \times M_2$ のままだとこれと紛らわしいからであろう.

　同様にして，A 加群 $M_1, \cdots, M_n$ に対し，直和 $M_1 \oplus \cdots \oplus M_n$ が定義される.

　A 加群 M の n 個の直和を $M^{\oplus n}$ で表す. たとえば，

$$M^{\oplus 2} = M \oplus M, \quad M^{\oplus 3} = M \oplus M \oplus M$$

である.

定義 12.6　可換環 A と A 加群 M において,

(1) $u_1, \ldots, u_n \in M$ と $a_1, \ldots, a_n \in A$ に対し，$a_1\,u_1 + \cdots + a_n\,u_n$ を $u_1, \ldots, u_n$ の **1 次結合** と言う.

(2) $u_1, \ldots, u_n$ の1次結合全体のなす M の部分 A 加群を $(u_1, \ldots, u_n)$ で表し, これを $u_1, \ldots, u_n$ によって **生成される** 部分 A 加群と言う.

(3) $M = (u_1, \ldots, u_n)$ となる $u_1, \ldots, u_n \in M$ が存在するとき, M は **有限生成 A 加群** であると言う.

(4) $u_1, \ldots, u_n \in M$ が **A 上 1 次独立** であるとは,

- $a_1 u_1 + \cdots + a_n u_n = \mathbf{0}$ $(a_1, \ldots, a_n \in A)$ ならば $a_i = 0$ $(i = 1, \ldots, n)$

が成り立つことである. 1次独立でないことを **1次従属** と言う.

(5) A 上 1 次独立な $u_1, \ldots, u_n \in M$ が存在して $M = (u_1, \ldots, u_n)$ となるとき, M は **有限生成な自由 A 加群**であると言い, $u_1, \ldots, u_n$ を M の (A 上の) **基底** と言う. なお, $\{\mathbf{0}\}$ は有限生成な自由 A 加群とする.

命題 12.5 $u_1, \ldots, u_n$ が自由 A 加群 M の基底であるとき, 写像

$$A^{\oplus n} \to M, \quad (a_1, \ldots, a_n) \mapsto a_1 u_1 + \cdots + a_n u_n$$

は A 同型である.

例 12.6 整数 $m \geq 2$ に対し, $\mathbb{Z}/m\mathbb{Z}$ は自由 $\mathbb{Z}$ 加群ではない.

有限生成自由 A 加群 M から A 加群 N への A 準同型 $\varphi\colon M \to N$ は, M の基底 $u_1, \ldots, u_n$ における値 $\varphi(u_j)$ によって決まる.

N も有限生成自由 A 加群である場合, N の基底 $v_1, \ldots, v_m$ に対し,

$$\varphi(u_j) = \sum_{i=1}^{m} a_{i,j} v_i, \quad a_{i,j} \in A$$

とおくとき, $m \times n$ 行列 $\left[a_{i,j}\right]$ を φ の **表現行列** とよぶ.

12.2.2 ベクトル空間と次元

体 K 上の加群を，K **ベクトル空間** ともよぶ.

定理 12.2　(1) 体 K 上の有限生成加群 $M = (u_1, \ldots, u_n)$ に対し，$u_1, \ldots, u_k$ $(k \leq n)$ が 1 次独立ならば，$u_1, \ldots, u_n$ の中から $u_1, \ldots, u_k$ を含む M の基底を選ぶことができる.

(2) 体 K 上の任意の有限生成加群に対し，その基底が存在する. すなわち，体 K 上の有限生成加群は自由 K 加群である.

証明　(2) は (1) よりただちに従う. (1) を示す.

$u_1, \ldots, u_n$ が 1 次従属ならば，$a_1, \ldots, a_n \in K$ が存在して，

$$a_1 u_1 + \cdots + a_n u_n = \mathbf{0}, \quad (a_{k+1}, \ldots, a_n) \neq (0, \ldots, 0).$$

$a_n \neq 0$ と仮定しても一般性を失わない. すると $\dfrac{1}{a_n} \in K$ より，$u_n \in (u_1, \ldots, u_{n-1})$ が言える. よって，$M = (u_1, \ldots, u_{n-1})$.

この操作を繰り返すことにより，$u_1, \ldots, u_k$ を含む M の基底が得られる. □

定義 12.7　体 K 上の有限生成加群 M に対し，M の 1 次独立な元の組の最大個数を M の K 上の **次元** と言い，$\dim_K M$ で表す.

補題 12.7　体 K 上の加群 M が基底 $u_1, \ldots, u_n$ をもつとする.

(1) $v \in M, v \neq \mathbf{0}$ ならば，$u_1, \ldots, u_n$ の中のある 1 つを v で置き換えたものが M の基底になる.

(2) $v_1, \ldots, v_k \in M$ が 1 次独立ならば，$u_1, \ldots, u_n$ の中の ある k 個を $v_1, \ldots, v_k$ で置き換えたものが M の基底になる. 特に，$k \leq n$.

証明 (2) は (1) より従う．(1) を示す．

$v = a_1 u_1 + \cdots + a_n u_n$ とすると，$a_j \neq 0$ となる j が存在する．

$a_n \neq 0$ と仮定して一般性を失わない．すると $\dfrac{1}{a_n} \in K$ より，$u_n \in (u_1, \ldots, u_{n-1}, v)$ が言える．よって，$M = (u_1, \ldots, u_{n-1}, v)$.

$u_1, \ldots, u_{n-1}$ は 1 次独立だが，M の基底ではない．よって定理 12.2 より，$u_1, \ldots, u_{n-1}, v$ は M の基底である． $\square$

この補題より次が従う．

定理 12.3 体 K 上の加群 M が基底 $u_1, \ldots, u_n$ をもつとき，$n = \dim_K M$.

系 12.8 体 K 上の有限生成加群 M に対し，$\dim_K M = n$ と $M \cong K^{\oplus n}$ は同値である．

現代数学では，対象の個数を数える代わりに，ベクトル空間を作ってその次元を計算する．数学者は行く先々でベクトル空間を定義してその中に棲む．

演習問題

(1) 可換環 A と A 加群 M の定義 12.1 から，次を証明せよ．ただし，A の加法の単位元を 0 で表し，M の加法の単位元を $\mathbf{0}$ で表す．
  (a) 任意の $u \in M$ に対し，$0\,u = \mathbf{0}$.
  (b) 任意の $a \in A$ に対し，$a\,\mathbf{0} = \mathbf{0}$.

(2) $\mathbb{Z}$ 加群の準同型 $\varphi \colon \mathbb{Z} \to \mathbb{Z}$, $\varphi(x) = a\,x \ (a \in \mathbb{Z})$ に対し，剰余加群 $\mathbb{Z}/\mathrm{Im}(\varphi)$ が自由 $\mathbb{Z}$ 加群であるための必要十分条件を求めよ．

(3) $\mathbb{Z}$ 加群の準同型 $\varphi \colon \mathbb{Z} \to \mathbb{Z} \oplus \mathbb{Z}$, $\varphi(x) = (a\,x, b\,x) \ (a, b \in \mathbb{Z})$ に対し，剰余加群 $(\mathbb{Z} \oplus \mathbb{Z})/\mathrm{Im}(\varphi)$ が自由 $\mathbb{Z}$ 加群であるための必要十分条件を求めよ．

略解

(1) (a) $a\,u = (a+0)\,u = a\,u + 0\,u$ より，$0\,u = \mathbf{0}$.
  (b) $a\,u = a\,(u+\mathbf{0}) = a\,u + a\,\mathbf{0}$ より，$a\,\mathbf{0} = \mathbf{0}$.

(2) $a = 0, \pm 1$.

(3) a, b で生成される $\mathbb{Z}$ の部分加群 (a, b) が $\mathbb{Z}$ あるいは $\{0\}$ であること.

13 | 多項式の割り算

無理数 $\sqrt{2}$ や虚数 $i = \sqrt{-1}$ を数の仲間として受け入れたとき，数の集合が有理数全体の集合 $\mathbb{Q}$ より大きくなり，その世界の中でも，加減乗除をおこなうことができた．このことは，体の拡大という概念で捉えられる．これを構成するときに役立つのが多項式の割り算である．

《キーワード》多項式の割り算，体の拡大

13.1 多項式の割り算

13.1.1 整域

可換環は乗法の単位元 1 をもつとする．

命題 13.1 体 K は次をみたす．

- $a, b \in K$, $ab = 0$ ならば，$a = 0$ または $b = 0$.

証明 $a \neq 0$ とすると，$\dfrac{1}{a} ab = 0$, $\dfrac{1}{a} ab = b$. よって $b = 0$. □

そこで次の概念を導入する．

定義 13.1 可換環 A が次の性質をみたすとき，A は **整域** (integral domain) であると言う．

- $a, b \in A$, $ab = 0$ ならば，$a = 0$ または $b = 0$.

例 13.2 (1) 体は整域である．

(2) 整域の部分環は整域である．

(3) 有理整数環 $\mathbb{Z}$ は整域である.

(4) 体 K 上の 1 変数多項式環 $K[X]$ は整域である. 2 次方程式を解く ときに,

- $(X - a)(X - b) = 0 \ (a, b \in K)$ ならば, $X = a$ または $X = b$

という議論をしたが, ここで $K[X]$ が整域であることを用いている. 整域 $K[X]$ もまた, 名乗ることなく中学生たちの成長を見守っているのである.

13.1.2 体上の 1 変数多項式環

体上の 1 変数多項式環に対し, 有理整数環に対する定理 3.2 と同様の定理が成り立つ.

定理 13.1(割り算定理) K を体とする. $g \in K[X]$ と n 次多項式 $f \in K[X]$ に対し, $q, r \in K[X]$ であって, 条件

- $g = f q + r$
- r の次数が n より小さい

をみたすものが, ただ 1 組存在する.

証明 g の次数に関する帰納法で証明される.

f の X^n の係数を $a \neq 0$ とすると, $m \geq n$ に対し, $X^m - \frac{1}{a} X^{m-n} f$ の次数は m より小さい. このことから, 帰納法により q, r の存在が言える.

一意性は, f で割り切れる 0 でない多項式の次数が n 以上であることから言える. □

$q, r \in K[X]$ を, それぞれ g を f で割った **商, 余り** と言う.

この定理から次が従う.

164

定理 13.2（因数定理） K を体とする．$f(X) \in K[X]$ と $\alpha \in K$ に対し，$f(\alpha) = 0$ ならば，$q \in K[X]$ が存在して，$f = (X - \alpha)q$.

系 13.3 体 K 係数の 1 変数 n 次多項式 $f(X)$ の根，すなわち $f(\alpha) = 0$ となる $\alpha \in K$ の個数は，たかだか n である．

定理 13.3 体 K 上の 1 変数 n 次多項式環 $K[X]$ の任意のイデアルは，単項イデアルである．

証明 I を $K[X]$ のイデアルとする．I に属する多項式で次数が最小のものを f とする．

このとき，I の任意の元 g は必ず (f) に属する．なぜなら，もしそうでなかったら，g を f で割った余りは，I に属する f より次数の小さい多項式になるからである． □

整数の割り算の場合，整数 m で割った余りの集合 $\mathbb{Z}/m\mathbb{Z}$ は可換環になり，m が素数であるときには体になった．体 K 上の 1 変数多項式の割り算の場合も，多項式 $f \in K[X]$ で割った余りの集合 $K[X]/(f)$ は可換環になり，あるときには体になる．

13.2 体の拡大

わたしたちは，有理数に $\sqrt{2}$ を付け加えたり，$i = \sqrt{-1}$ を付け加えて，数の世界を広げてきた．このことは，体の拡大の概念へと抽象化・一般化される．

13.2.1 体の拡大

体 K から体 L への準同型 $\varphi \colon K \to L$ はつねに単射である．と言うのは，

- 体 K のイデアルは $\{0\}$ と K のみ.
- $\mathrm{Ker}(\varphi)$ は K のイデアル.
- $\varphi(1) = 1$.

より，$\mathrm{Ker}(\varphi) = \{0\}$ となるからである.

そこで，像 $\varphi(K)$ を K と同一視し，$K \subset L$ と見て，体 L を体 K の **拡大体** とよび，K を L の **部分体** (subfield) とよぶ.

このとき L は K 上のベクトル空間である. その次元 $\dim_K L$ を **拡大次数** と言う. $\dim_K L$ が有限であるとき，L は K の **有限次拡大** であると言う. $\dim_K L = n$ のとき，L は K の n **次拡大** であると言う.

体の有限次拡大 $K \subset L$ に対し，$\alpha \in L$, $\alpha \notin K$ とすると，$1, \alpha, \alpha^2, \dots, \alpha^{n-1}$ が K 上 1 次独立となる最小の $n \geq 2$ が定まる. これを基底とする，L の n 次元部分 K 加群を $K(\alpha)$ で表す. このとき，

$$\alpha^n = \sum_{j=0}^{n-1} a_j \, \alpha^j, \quad \alpha_j \in K$$

と書け，$K(\alpha)$ は L の部分環になる. そこで，

$$f(X) = X^n - \sum_{j=0}^{n-1} a_j \, X^j \in K[X]$$

とおくと，$f(\alpha) = 0$ である.

K 準同型 $\varphi\colon K[X] \to K(\alpha)$, $X^k \mapsto \alpha^k$ は可換環の全射準同型である. 定理 13.3 より，φ の核 $\mathrm{Ker}(\varphi)$ は単項イデアルであり，f もこれに属する. そして n の最小性より，$\mathrm{Ker}(\varphi) = (f)$ が言える.

したがって，準同型定理より，$K(\alpha)$ は剰余環 $K[X]/(f)$ に可換環として同型である.

K 代数の準同型 $\varphi\colon K[X] \to K(\alpha)$, $X \mapsto \alpha$ の核の生成元 $f \in K[X]$ を，α の **最小多項式** とよぶ.

さらに次が成り立つ.

命題 13.4 $K(\alpha)$ は体である.

証明 $g \in K[X]$, $g(\alpha) \neq 0$ とする.

定理 13.3 より, f, g の生成する $K[X]$ のイデアル (f, g) は, 単項イデアル (h) である. $g(\alpha) \neq 0$ より, $h(\alpha) \neq 0$ である. よって $f = f_1 h$, $f_1 \in K[X]$ とおくと, $f_1(\alpha) = 0$. n の最小性より, $h \in K^{\times}$ でなければならない.

ゆえに $(f, g) = K[X]$ である. よって, $A, B \in K[X]$ が存在して,

$$A f + B g = 1.$$

このとき, $B(\alpha) \in K(\alpha)$ は $B(\alpha) g(\alpha) = 1$ をみたす.

よって $K(\alpha)$ が体であることが言えた. □

体 $K(\alpha)$ を, K に α を **添加した** 体と言う.

命題 13.5 体 L と同型 $\gamma: L \to L$ に対し, $L^{\gamma} = \{x \in L \mid \gamma(x) = x\}$ は L の部分体である.

例 13.6 複素数体 $\mathbb{C}$ は実数体 $\mathbb{R}$ の 2 次拡大であり, 剰余環 $\mathbb{R}[X]/(X^2+1)$ に同型である. $\mathbb{C}$ は $\mathbb{R}$ に $i = \sqrt{-1}$ を添加した体である.

複素共役 $\sigma: \mathbb{C} \to \mathbb{C}$, $z \mapsto \bar{z}$ は体の同型である. これに対し, $\mathbb{C}^{\sigma} = \{z \in \mathbb{C} \mid \sigma(z) = z\} = \mathbb{R}$ である.

定義 13.2 体 K 上の 1 変数多項式 $f \in K[X]$ が **既約** であるとは, f より次数の低い 2 つの多項式の積にならないことである.

命題 13.7 体 K 上の 1 変数多項式 $f \in K[X]$ に対し, f が既約であることと剰余環 $K[X]/(f)$ が体であることは同値である.

証明 f が既約でないとすると，$g, h \in K[X]$ が存在して，$f = gh$, $g, h \notin (f)$ となる．このとき，$K[X]/(f)$ において，

$$(g + (f))(h + (f)) = (f), \quad g + (f), h + (f) \neq (f).$$

よって $K[X]/(f)$ は体ではない．

逆に，f が既約だとする．$K[X]/(f)$ の 0 でない任意の元は，f より次数の低い多項式 $g \in K[X]$ の属する類 $g + (f)$ である．

定理 13.3 より，f, g の生成する $K[X]$ のイデアル (f, g) は単項イデアルだが，f が既約なので，$(f, g) = K[X]$ でなければならない．よって $A, B \in K[X]$ が存在して，

$$Af + Bg = 1.$$

このとき $B + (f) \in K[X]/(f)$ は $g + (f)$ の逆元である．

よって $K[X]/(f)$ が体であることが言えた． $\square$

13.2.2 代数的整数

定義 13.3 体 K 上の有限次拡大体の元を，K 上 **代数的な元** とよぶ．$\mathbb{Q}$ 上代数的な複素数のことを，**代数的数** とよぶ．代数的数全体の集合を $\overline{\mathbb{Q}}$ で表す．

複素数 α に対し，次の条件はたがいに同値である．

(1) α は代数的数．
(2) α は有理数係数の 1 変数多項式の根である．
(3) α は整数係数の 1 変数多項式の根である．
(4) $\mathbb{Q}$ 代数の準同型 $\mathbb{Q}[X] \to \mathbb{C}$, $X \mapsto \alpha$ の像が有限次元 $\mathbb{Q}$ 加群になる．

集合 $\overline{\mathbb{Q}}$ は体である.

代数的数を係数とする 1 変数多項式の根は,代数的数である.

定義 13.4 複素数 α が **代数的整数** であるとは,可換環の準同型 $\mathbb{Z}[X] \to \mathbb{C}$, $X \mapsto \alpha$ の像が有限生成 $\mathbb{Z}$ 加群になることである.

複素数 α に対し,次の条件はたがいに同値である.

(1) α は代数的整数.
(2) α は整数係数の 1 変数モニック多項式の根である.

有理数かつ代数的整数であるものは,整数である.

任意の代数的数は,代数的整数 α と整数 $m \neq 0$ によって $\dfrac{\alpha}{m}$ と書ける.

代数的整数全体の集合は可換環である.これを $O_{\overline{\mathbb{Q}}}$ で表す.$\overline{\mathbb{Q}}$ の部分体 K に対し,$O_K = K \cap O_{\overline{\mathbb{Q}}}$ を K の **整数環** と言う.

$\mathbb{Z}$ は有理数体 $\mathbb{Q}$ の整数環である.

有理数体 $\mathbb{Q}$ に代数的数 α を添加した体を $\mathbb{Q}(\alpha)$ で表す.

$\overline{\mathbb{Q}}$ の部分体 K の整数環 O_K において,$a \in O_K$ が $b \in O_K$ で **割り切れる** とは,$a \in (b)$ であることである.これは,イデアルの間の包含関係 $(a) \subset (b)$ に同値である.

第 9, 10 章において,$K = \mathbb{Q}(\sqrt{2})$, $\mathbb{Q}(\sqrt{5})$ の場合にこの用語を既に用いていた.また,正多面体多項式 $F_R{}^I(X)$ の係数がすべて代数的整数になるように,分母を払っていた.

たとえば,正 8 面体で,∞ に面の中心が対応している場合,$F_R{}^I(X)$ の係数は $\mathbb{Q}(\sqrt{2})$ の整数環に属している.

また,正 20 面体で,∞ に面の中心または辺の中点が対応している場合,$F_R{}^I(X)$ の係数は $\mathbb{Q}(\sqrt{5})$ の整数環に属している.

素数 p に対し,可換環の準同型 $\mathbb{Z} \to \mathbb{Z}/p\mathbb{Z} = \mathbb{F}_p$ は $\mathbb{Z}[X] \to \mathbb{F}_p[X]$ に

拡張される．$f \in \mathbb{Z}[X]$ の像を f_p とする．

　代数的整数 α に対し，α の最小多項式を $f(X)$ とする．$f(X)$ を整数係数のモニック多項式に取ることができる．$\mathbb{F}_p$ に $f_p(X) \in \mathbb{F}_p[X]$ の根を添加して得られる体を F とすると，α に有限体 F の元を対応させることができる．

　有理数体 $\mathbb{Q}$ の有限次拡大体を **代数体** と言う．代数体は複素数体 $\mathbb{C}$ の部分体と見ることができる．

(1) $1, \sqrt{2}$ が $\mathbb{Q}$ 上 1 次独立であることを示せ.

(2) 有理数体 $\mathbb{Q}$ に $\sqrt{2}$ を添加した体 $\mathbb{Q}(\sqrt{2}) = \mathbb{Q}[X]/(X^2 - 2)$ の元は, $x + y\sqrt{2},\ (x, y \in \mathbb{Q})$ という形に書ける.

    (a) $a + b\sqrt{2},\ a' + b'\sqrt{2}\ (a, b, a', b' \in \mathbb{Q})$ の積をこの形で表せ.

    (b) $a + b\sqrt{2} \neq 0$ の逆数をこの形で表せ.

(3) 体 $\mathbb{Q}(\sqrt{2})$ の元 $\alpha = x + y\sqrt{2}\ (x, y \in \mathbb{Q})$ に対し, $\alpha^\sigma = x - y\sqrt{2}$ とおく. これに対し, 次を示せ.

    (a) 任意の $\alpha, \beta \in \mathbb{Q}(\sqrt{2})$ に対し, $(\alpha + \beta)^\sigma = \alpha^\sigma + \beta^\sigma$, $(\alpha\beta)^\sigma = \alpha^\sigma \beta^\sigma$.

    (b) 任意の $\alpha \in \mathbb{Q}(\sqrt{2})$ に対し, $\alpha^\sigma = \alpha$ ならば $\alpha \in \mathbb{Q}$.

    (c) 任意の $\alpha \in \mathbb{Q}(\sqrt{2})$ に対し, $\alpha + \alpha^\sigma$, $\alpha\alpha^\sigma \in \mathbb{Q}$.

(1) $x + y\sqrt{2} = 0,\ x, y \in \mathbb{Q}$ とする. $y \neq 0$ とすると, $\sqrt{2} = -\dfrac{x}{y} \in \mathbb{Q}$ となって $\sqrt{2}$ が無理数であることに反する. よって $y = 0$. よって $x = 0$.

(2) (a) $(a + b\sqrt{2})(a' + b'\sqrt{2}) = aa' + 2bb' + (ab' + ba')\sqrt{2}$.

    (b) $\dfrac{1}{a + b\sqrt{2}} = \dfrac{a}{a^2 - 2b^2} + \dfrac{-b}{a^2 - 2b^2}\sqrt{2}$. （分母の有理化）

(3) 略.

14 | フロベニウス写像と原始根

有限体の構造は，フロベニウス写像によってよく理解される．また，有限体の乗法群も簡単な構造をもつ．

《キーワード》 フロベニウス写像，有限体の乗法群，原始根

14.1 有限体

14.1.1 体の標数

定理 14.1 任意の体は，有理数体 $\mathbb{Q}$，あるいは素数 p に対する有限体 $\mathbb{F}_p = \mathbb{Z}/p\mathbb{Z}$ を部分体として含む．

証明 体 K において，乗法の単位元 $\mathbf{1}_K \in K$ の生成する加法群を C とする．また，n 個の $x \in K$ の和を $n \cdot x \in K$ で表す．

C が無限巡回群である場合，K は有理整数環 $\mathbb{Z}$ を部分環として含む．よって K が体であることから，K は $\mathbb{Q}$ を部分体として含む．

C が位数 m の巡回群である場合，K は $\mathbb{Z}/m\mathbb{Z}$ を部分環として含む．以下，m が素数であることを示す．

$m = m_1 m_2 \ (m_1, m_2 \in \mathbb{Z}, \ m_1, m_2 \geq 1)$ と因数分解するとき，

$$(m_1 \cdot \mathbf{1}_K)(m_2 \cdot \mathbf{1}_K) = m \cdot \mathbf{1}_K = 0$$

となるので，$m_1 \cdot \mathbf{1}_K = 0$ または $m_2 \cdot \mathbf{1}_K = 0$ が言える．$\mathbf{1}_K$ の位数が m であることから，$m|m_1$ または $m|m_2$ でなければならない．ゆえに m は素数である．

よって，$\mathbb{Z}/m\mathbb{Z}$ は体である． $\square$

定義 14.1 体 K が $\mathbb{Q}$ を部分体として含むとき，K の **標数** (characteristic) は 0 であると言い，K が $\mathbb{F}_p$ を部分体として含むとき，K の **標数** は p であると言う．可換環 A が $\mathbb{Z}$ を部分環として含むとき，A の **標数** は 0 であると言い，A が $\mathbb{F}_p$ を部分環として含むとき，A の **標数** は p であると言う．

有限体 K は無限集合である $\mathbb{Q}$ を含まない．よってある素数 p に対し，K は $\mathbb{F}_p$ の拡大体である．ゆえに K は $\mathbb{F}_p$ 上のベクトル空間である．$\dim_{\mathbb{F}_p} K = n$ とすると，K の元の個数は p^n である．

14.1.2 フロベニウス写像

定義 14.2 p を素数とする．標数 p の可換環 A に対し，写像 $\mathrm{Fr}: A \to A$, $x \mapsto x^p$ を **フロベニウス写像** (Frobenius map) とよぶ．

定理 14.2 標数 p の可換環 A に対し，フロベニウス写像 $\mathrm{Fr}: A \to A$, $x \mapsto x^p$ は可換環の準同型である．さらに A が有限体ならば，Fr は同型である．

証明 $x, y \in A$ に対し，$\mathrm{Fr}(x\,y) = (x\,y)^p = x^p\,y^p = \mathrm{Fr}(x)\,\mathrm{Fr}(y)$.
二項定理より，

$$\mathrm{Fr}(x + y) = (x + y)^p = x^p + y^p + \sum_{k=1}^{p-1} \binom{p}{k} x^{p-k}\, y^k.$$

よって $k = 1, \ldots, p-1$ に対し，

$$\binom{p}{k} = \frac{p(p-1)\cdots(p-k+1)}{k!} \equiv 0 \mod p$$

より，$\mathrm{Fr}(x + y) = \mathrm{Fr}(x) + \mathrm{Fr}(y)$.

A が体ならば，$\mathrm{Fr}\colon A \to A$ は単射．A が有限体ならば，Fr は全単射．よって同型である． □

標数 p の有限体 K に対し，

$$K^{\mathrm{Fr}} = \{x \in K \mid x^p = x\} = \{x \in K \mid x\,(x^{p-1} - 1) = 0\} = \mathbb{F}_p.$$

命題 14.1 多項式 $f \in \mathbb{F}_p[X]$ に対し，$f(X)^p = f(X^p)$.

証明 $f(X) = a\,X^n$ $(a \in \mathbb{F}_p)$ の場合に示せばよい．このとき，
$f(X)^p = a^p\,(X^n)^p = a\,(X^p)^n = f(X^p)$. □

14.2 原始根

14.2.1 原始根の存在

群 G の位数 d の元全体の集合を $\Phi_d(G)$ で表す．

正の整数 n に対し，n より小さく n とたがいに素である正の整数の個数を $\varphi(n)$ で表し，これを **オイラーの関数** とよぶ．

n 次巡回群 $C_n \cong \mathbb{Z}/n\mathbb{Z}$ に対し，$|\Phi_n(C_n)| = \varphi(n)$.

ラグランジュの定理（定理 4.2）より，

$$C_n = \bigcup_{d \mid n} \Phi_d(C_n).$$

$d > 0$ が n の約数なら，$|\Phi_d(C_n)| = |\Phi_d(C_d)| = \varphi(d)$ である．したがって，

$$n = \sum_{d \mid n} \varphi(d).$$

補題 14.2 位数 n の有限群 G が，条件

- n の任意の約数 d に対し, $x^d = e$ となる $x \in G$ の個数はたかだか d

をみたすならば, G は巡回群である.

証明 $\Phi_d(G) \neq \varnothing$ とすると, $a \in \Phi_d(G)$ に対し, a で生成される部分群 $\langle a \rangle$ は d 次巡回群である. $x \in \langle a \rangle$ ならば $x^d = e$ である. よって仮定より, $x^d = e$ となる x は $\langle a \rangle$ に属する. よって $\Phi_d(G) \subset \langle a \rangle$, $\Phi_d(G) = \Phi_d(\langle a \rangle)$.

したがって, $\Phi_d(G) \neq \varnothing$ ならば, $|\Phi_d(G)| = \varphi(d)$ となる.

よって, n の任意の約数 d に対し, $|\Phi_d(G)| \leq \varphi(d)$.

これを

- ラグランジュの定理 (定理 4.2) より, $G = \bigcup_{d|n} \Phi_d(G)$.

- $n = \sum_{d|n} \varphi(d)$.

- $|G| = n$.

と合わせると, n の任意の約数 d に対し, $|\Phi_d(G)| = \varphi(d)$ が言える.

特に $\Phi_n(G) \neq \varnothing$ なので, G は巡回群である. $\square$

系 13.3, 補題 14.2 より, 次が従う.

定理 14.3 有限体 K の乗法群 $K^\times = K \smallsetminus \{0\}$ は巡回群である.

巡回群 $\mathbb{F}_p{}^\times$ の生成元を, $\mathbb{F}_p$ の **原始根** (primitive root) と言う.

14.2.2 有限体の構造

標数 p の有限体 K は, $\mathbb{F}_p$ 上の有限次元ベクトル空間である.

定理 14.4 (有限体の一意性) 標数 p の有限体 K, K' に対し, $\dim_{\mathbb{F}_p} K = \dim_{\mathbb{F}_p} K' = n$ ならば, 体 K, K' はたがいに同型である.

証明　K, K' を含む体 L が存在する．$q = p^n$ とおくと，乗法群 $K^\times, K'^\times$ の位数は $q-1$ なので，K, K' は

$$\{x \in L \mid x(x^{q-1} - 1) = 0\} = \{x \in L \mid x^q = x\} = L^{F^n}$$

に一致する．　　　　　　　　　　　　　　　　　　　　　　　　□

　$\mathbb{F}_p$ の n 次拡大体を $\mathbb{F}_{p^n}$ あるいは $\mathrm{GF}(p^n)$ で表す．

　$\dim_{\mathbb{F}_p} K = n$, $q = p^n$ とおく．乗法群 $K^\times$ は位数 $q-1$ の巡回群である．その生成元を α とすると，$K = \mathbb{F}_p(\alpha)$ である．また，$\alpha^{p^n} = \alpha$ である．

　α^{p^j} $(j = 0, \ldots, n-1)$ は相異なり，これらはすべて $K^\times$ の生成元である．したがって，

$$n \mid \varphi(p^n - 1)$$

が言える．

　可換環の準同型 $\mathbb{F}_p[X] \to \mathbb{F}_p(\alpha)$, $X \mapsto \alpha$ の核は，定理 13.3 より，単項イデアル (φ_q) である．α の最小多項式 $\varphi_q \in \mathbb{F}_p[X]$ はモニック多項式に取ることができる．

　このとき，K は $\mathbb{F}_p[X]/(\varphi_q)$ に同型である．よって φ_q は n 次多項式である．

　$\alpha^{q-1} - 1 = 0$ より，$X^{q-1} - 1 \in (\varphi_q)$ である．

　任意の $\beta \in K^\times$ に対し，$\beta^{q-1} - 1 = 0$ なので，

$$X^{q-1} - 1 = \prod_{\beta \in K^\times} (X - \beta).$$

　$\varphi_q(X)^p = \varphi_q(X^p)$ より，$\varphi_q(\beta) = 0 \Rightarrow \varphi_q(\beta^p) = 0$ となる．よって，

$$\varphi_q(X) = \prod_{j=0}^{n-1}(X - \alpha^{p^j}).$$

演習問題

(1) 奇素数 p に対し，$(p-1)! \equiv -1 \mod p$ を示せ．

(2) 素数 $p = 3, 5, 7, 11, 13, 17$ に対し，有限体 $\mathrm{GF}(p) = \mathbb{Z}/p\mathbb{Z}$ の乗法群の生成元を与えよ．

(3) 素数 $p = 2, 3, 5, 7$ に対し，有限体 $\mathrm{GF}(p^2)$ の乗法群の生成元の最小多項式を与えよ．

(4) $X^2 + 1$ が有限体 $\mathrm{GF}(p^2)$ の乗法群の生成元の最小多項式であるための必要十分条件を求めよ．

(5) $X^2 - 2$ が有限体 $\mathrm{GF}(p^2)$ の乗法群の生成元の最小多項式であるための必要十分条件を求めよ．

(6) 有限体 $\mathrm{GF}(8), \mathrm{GF}(16), \mathrm{GF}(27)$ の乗法群の生成元の最小多項式を求めよ．

略解

(1) 乗法群 $\mathbb{F}_p^\times$ の位数は $p-1$ なので，任意の $\alpha \in \mathbb{F}_p^\times$ は $\alpha^{p-1} = 1$ をみたす．

よって因数定理より，任意の $\alpha \in \mathbb{F}_p^\times$ に対し，$X^{p-1} - 1 \in \mathbb{F}_p[X]$ は $X - \alpha$ で割り切れる．したがって，

$$X^{p-1} - 1 \equiv \prod_{j=1}^{p-1} (X - j) \mod p.$$

定数項を比べると，$p - 1$ は偶数なので，$-1 \equiv (p-1)! \mod p$.

(2) たとえば，$2 \in \mathrm{GF}(3)$, $2 \in \mathrm{GF}(5)$, $3 \in \mathrm{GF}(7)$, $2 \in \mathrm{GF}(11)$, $2 \in \mathrm{GF}(13)$, $6 \in \mathrm{GF}(17)$.

(3) たとえば，$\mathrm{GF}(4) = \mathbb{F}_2[X]/(X^2 + X + 1)$, $\mathrm{GF}(9) = \mathbb{F}_3[X]/(X^2 +$

1), $\mathrm{GF}(25) = \mathbb{F}_5[X]/(X^2 - 2)$, $\mathrm{GF}(49) = \mathbb{F}_7[X]/(X^2 + 1)$.

(4) $p \equiv 3 \mod 4$.

(5) $p \equiv \pm 3 \mod 8$.

(6) たとえば，$\mathrm{GF}(8) = \mathbb{F}_2[X]/(X^3 + X + 1)$, $\mathrm{GF}(16) = \mathbb{F}_2[X]/(X^4 + X + 1)$, $\mathrm{GF}(27) = \mathbb{F}_3[X]/(X^3 - X - 1)$.

15 | 正多面体と有限体

正多面体の表に素数が出現する不思議に導かれて，群や射影直線や可換環のような現代数学の概念に触れる旅をしてきた．最後に正多面体と有限体上の射影直線の関係について述べる．

《キーワード》 有限体上の射影直線，フロベニウス固定点

15.1 有限体上の射影直線

15.1.1 体上の射影直線

可換環は乗法の単位元 1 をもつとする．

定義 15.1 体 K に対し，

$$(K \times K) \smallsetminus \{(0, 0)\} = (K^{\times} \times K) \cup (K \times K^{\times})$$

上の同値関係を，

$$(\xi_0, \xi_1) \sim (\eta_0, \eta_1) \quad \Longleftrightarrow \quad \xi_0\, \eta_1 = \xi_1\, \eta_0$$

によって定めるとき，商集合を $\mathrm{P}^1(K)$ で表し，これを K 上の **射影直線** と言う．(ζ_0, ζ_1) の属する同値類を $[\zeta_0 : \zeta_1]$ で表し，これを ζ_0, ζ_1 の **比** とよぶ．

写像 $\psi_0 \colon \mathrm{P}^1(K) \smallsetminus \{[0:1]\} \to K$, $\psi_1 \colon \mathrm{P}^1(K) \smallsetminus \{[1:0]\} \to K$ を

$$\psi_0([\zeta_0 : \zeta_1]) = \frac{\zeta_1}{\zeta_0}, \quad \psi_1([\zeta_0 : \zeta_1]) = \frac{\zeta_0}{\zeta_1}$$

で定義する．ψ_0, ψ_1 はいずれも 1 対 1 対応である．

$[\zeta_0 : \zeta_1] \neq [0 : 1], [1 : 0]$ に対し，

$$\psi_1([\zeta_0 : \zeta_1]) = \frac{1}{\psi_0([\zeta_0 : \zeta_1])}$$

が成り立つ．

写像 ψ_0 を，$\psi_0([0:1]) = \infty$ により，

$$\psi_0 \colon \mathrm{P}^1(K) \to K \cup \{\infty\}$$

に拡張する．この写像により，$\mathrm{P}^1(K)$ と $K \cup \{\infty\}$ を同一視する．

15.1.2　正多面体と代数的整数と有限体

半径 1 の球面 $S = \{x \in \mathbb{R}^3 \mid \langle x, x \rangle = 1\}$ に内接する正多面体 R に対し，S の中心から，辺の中点と面の中心を S へ射影する．こうして，R の頂点の他に，辺の中点の射影と面の中心の射影が S 上にできる．このうち，頂点の集合，辺の中点の射影の集合，面の中心の射影の集合を，それぞれ $R_S{}^0, R_S{}^1, R_S{}^2$ で表し，$R_S = R_S{}^0 \cup R_S{}^1 \cup R_S{}^2$ とおく．

立体射影 $\varphi \colon S \smallsetminus \{(0, 0, -1)\} \to \mathbb{C}$ を

$$\varphi(x) = \varphi(x_1, x_2, x_3) = \frac{x_1 + i\, x_2}{1 + x_3}$$

で定義した．これを $\varphi(0, 0, -1) = \infty$ により，

$$\varphi \colon S \to \mathbb{C} \cup \{\infty\}$$

に拡張する．

さらに次の条件を仮定する．

(1) $0, \infty \in \varphi(R_S)$.

(2) $\varphi(R_S)$ は偏角が 2π の有理数倍の点を含む.

このとき, 二項正多面体群 $U_R \subset \mathrm{SU}(2)$ の元の成分は代数的数である.

正多面体 R の『置き方』には, 2π の有理数倍の回転だけの任意性がある.

第 9, 10 章の計算を改めて見ると, $\varphi(R_S) \subset \overline{\mathbb{Q}} \cup \{\infty\} = \mathrm{P}^1(\overline{\mathbb{Q}})$ がわかる.

空でない $I \subset \{0, 1, 2\}$ に対し, $R_S{}^I = \bigcup_{i \in I} R_S{}^i$ とおいたとき, 集合 $\varphi(R_S{}^I) \smallsetminus \{\infty\}$ の点が, 代数的整数を係数とするある 1 変数多項式 $F_R{}^I(X)$ の根になっているのを見た.

多項式 $F_R{}^I(X)$ の係数が有理整数である場合, 係数の素数 p を法とする剰余類を取り, 有限体 $\mathbb{F}_p$ 上の 1 変数多項式 $F_{R,p}{}^I(X)$ が得られる.

多項式 $F_R{}^I(X)$ の係数が有理整数でない場合は, まず $F_{R,p}{}^I(X)$ を, 有限体 $\mathbb{F}_p$ 上の代数的な元を係数とする多項式として定める.

すなわち, $F_R{}^I(X)$ の係数を根とする有理整数係数の 1 変数多項式を考え, その係数の素数 p を法とする剰余類を取り, 有限体 $\mathbb{F}_p$ 上の 1 変数多項式を考える. その根として $F_{R,p}{}^I(X)$ の係数を定める.

たとえば, 正 8 面体で, ∞ に面の中心が対応している場合, $F_R{}^I(X)$ の係数は $\mathbb{Q}(\sqrt{2})$ の整数環に属している. $\sqrt{2}$ を有限体で考えるには, $\mathbb{F}_p$ の拡大体における $X^2 = 2$ の解と見る. $\mathbb{F}_p$ の元である場合もあるし, そうでない場合は $\mathbb{F}_{p^2}$ の元になる.

15.1.3 正多面体と有限体上の射影直線

代数的整数を係数とする多項式 $F(X)$ で, 中間項が素数 p で割り切れるものに対し,

(1) $F(X)$ が **フロベニウス型** であるとは, 次数が p のべき, 最低次が

1 次であることとする.

(2) $F(X)$ が **円分型** であるとは，F の次数が p のべきに 1 を足したもの，最低次が 0 次であることとする.

第 9, 10 章の計算から，次が言える.

定理 15.1　(1) $0, \infty \in R_S{}^I$ ならば，正多面体多項式 $F_R{}^I(X)$ はフロベニウス型である.

(2) $0, \infty \notin R_S{}^I$ ならば，正多面体多項式 $F_R{}^I(X)$ は円分型である.

代数体 $K \subset \overline{\mathbb{Q}}$ と素数 p に対し，整数環 O_K から標数 p のある有限体 F への可換環の準同型がある. これは射影直線 $\mathrm{P}^1(K)$ から $\mathrm{P}^1(F)$ への写像 ψ_p を誘導する.

さらに次も言える.

定理 15.2　素数 p に対し，$q = p, p^2$ とし，$|R_S{}^I| = q + 1$ とする. $0, \infty \in \varphi(R_S{}^I)$ ならば，R のある置き方に対し，ψ_p は $\varphi(R_S{}^I)$ から $\mathrm{P}^1(\mathbb{F}_q)$ への 1 対 1 対応を与える.

この定理は，$|R_S{}^I| - 1$ が素数または素数の 2 乗になる，という観察の背景にある幾何学的事実である.

15.2 有限体上の線形群

15.2.1 体上の線形群

定義 15.2　(1) 体 K の元を成分とする n 次正則行列全体から成る集合を $\mathrm{GL}_n(K)$ で表す. $\mathrm{GL}_n(K)$ は，行列の積を演算とする群になる. これを K 上の **一般線形群** と言う.

(2) その部分集合で行列式が 1 である行列全体から成るもの $\mathrm{SL}_n(K)$

は，$\mathrm{GL}_n(K)$ の部分群である．これを K 上の **特殊線形群** と言う．

(3) $\mathrm{GL}_n(K)$ の正規部分群 $D = \{\zeta E \mid \zeta \in K^\times\}$ に対し，剰余群 $\mathrm{SL}_n(K)/D$ を $\mathrm{PGL}_n(K)$ で表す．

(4) $\mathrm{SL}_n(K)$ の正規部分群 $D' = \{\zeta E \mid \zeta \in K^\times,\ \zeta^n = 1\}$ に対し，剰余群 $\mathrm{SL}_n(K)/D'$ を $\mathrm{PSL}_n(K)$ で表す．

位数 n の有限群 G の元は G 上の置換を引きおこす．このことから，G を n 次対称群 S_n の部分群と見なすことができる．

n 次列ベクトルで，第 i 成分が 1 で他の成分が 0 であるものを e_i で表す．有限体 K と置換 $\sigma \in S_n$ に対し，

$$\rho(\sigma) = \begin{bmatrix} e_{\sigma(1)} & \cdots & e_{\sigma(n)} \end{bmatrix} \in \mathrm{GL}_n(K)$$

とおくと，単射準同型 $\rho\colon S_n \to \mathrm{GL}_n(K)$ が得られる．よって，位数 n の有限群 G を有限群 $\mathrm{GL}_n(K)$ の部分群と見なすことができる．

15.2.2 有限体上の射影直線と線形群

体 K に対し，群 $\mathrm{PSL}_2(K)$ は射影直線 $\mathrm{P}^1(K)$ に作用する．

条件

(1) $0, \infty \in \varphi(R_S)$.

(2) $\varphi(R_S)$ は偏角が 2π の有理数倍の点を含む．

をみたす正多面体 R に対し，二項正多面体群 $U_R \subset \mathrm{SU}(2)$ の成分は代数的数になる．

第 9, 10 章で調べた例では，集合 ${R_S}^I$ が射影直線 $\mathrm{P}^1(\mathbb{F}_q)$ と同一視されるとき，$U_R \subset \mathrm{SU}(2)$ の元の成分は，分母が q とたがいに素になる（q とたがいに素なある整数をかけて代数的整数になる）．このことから，U_R から $\mathrm{PSL}_2(\mathbb{F}_{q^2})$ への準同型が得られる．さらに，正多面体群 G_R を

$\mathrm{PGL}_2(\mathbb{F}_q)$ の部分群と見なすことができる.

　q が奇素数のべきであるとき，$\mathrm{PSL}_2(\mathbb{F}_q)$ の位数は，

$$\frac{(q^2-1)(q^2-q)}{2(q-1)} = \frac{1}{2}q(q^2-1)$$

である.

　$R = \mathrm{Te}(0)$ のとき，群 G_R は $R_S{}^1 = \mathrm{P}^1(\mathbb{F}_5)$ に作用する. 二項正 4 面体群 U_R は，$P = \dfrac{1}{\sqrt{2}}\begin{bmatrix} 1 & -1 \\ 1 & 1 \end{bmatrix}$ とおくと，

$$\begin{bmatrix} i & 0 \\ 0 & -i \end{bmatrix}, \quad P^{-1}\begin{bmatrix} i & 0 \\ 0 & -i \end{bmatrix}P$$

で生成される. $2^2 \equiv -1 \mod 5$ より，G_R を $\mathrm{PSL}_2(\mathbb{F}_5)$ の部分群と見なすことができる. このとき，$|G_R| = 12$ より，

$$|\mathrm{PSL}_2(\mathbb{F}_5)/G_R| = 5.$$

よって $\mathrm{PSL}_2(\mathbb{F}_5)$ は 5 点集合 $\mathrm{PSL}_2(\mathbb{F}_5)/G_R$ に作用し，A_5 と同型になる.

　ここで，$\mathrm{PGL}_2(\mathbb{F}_5)$ は 6 点集合 $\mathrm{P}^1(\mathbb{F}_5)$ に作用し，S_6 の部分群と見なすことができる. このとき，

$$|S_6/\mathrm{PGL}_2(\mathbb{F}_5)| = 6.$$

S_6 は 6 点集合 $S_6/\mathrm{PGL}_2(\mathbb{F}_5)$ に作用する.

　$R = \mathrm{Oc}(2)$ のとき，群 G_R は $R_S{}^2 = \mathrm{P}^1(\mathbb{F}_7)$ に作用する. 二項正 8 面体群 U_R は，

$$\zeta = \mathrm{e}^{\pi i/3}, \quad P = \frac{1}{\sqrt{3}}\begin{bmatrix} \sqrt{2} & -1 \\ 1 & \sqrt{2} \end{bmatrix}$$

184

とおくと,

$$\begin{bmatrix} \zeta & 0 \\ 0 & \zeta^{-1} \end{bmatrix}, \quad P^{-1} \begin{bmatrix} \zeta & 0 \\ 0 & \zeta^{-1} \end{bmatrix} P$$

で生成される. $2^6 \equiv 1 \mod 7$, $3^2 \equiv 2 \mod 7$ より, G_R を $\mathrm{PSL}_2(\mathbb{F}_7)$ の部分群と見なすことができる. このとき, $|G_R| = 24$ より,

$$|\mathrm{PSL}_2(\mathbb{F}_7)/G_R| = 7.$$

よって $\mathrm{PSL}_2(\mathbb{F}_7)$ は 7 点集合 $\mathrm{PSL}_2(\mathbb{F}_7)/G_R$ に作用する.

$R = \mathrm{Ic}(0)$ のとき, 群 G_R は $R_S{}^0 = \mathrm{P}^1(\mathbb{F}_{11})$ に作用する. 二項正 20 面体群 U_R は, $0 < \theta_1 < \pi$, $\cos\theta_1 = \dfrac{1}{\sqrt{5}}$, および

$$\zeta = \mathrm{e}^{\pi i/5}, \quad P = \begin{bmatrix} \cos(\theta_1/2) & -\sin(\theta_1/2) \\ \sin(\theta_1/2) & \cos(\theta_1/2) \end{bmatrix}$$

とおくと,

$$\begin{bmatrix} \zeta & 0 \\ 0 & \zeta^{-1} \end{bmatrix}, \quad P^{-1} \begin{bmatrix} \zeta & 0 \\ 0 & -\zeta \end{bmatrix} P$$

で生成される. $2^{10} \equiv 1 \mod 11$, $4^2 \equiv 5 \mod 11$ を用い, $\cos\dfrac{\theta_1}{2}, \sin\dfrac{\theta_1}{2}$ を求める際に $5^2 \equiv 3 \mod 11$ を用いて, G_R を $\mathrm{PSL}_2(\mathbb{F}_{11})$ の部分群と見なすことができる. このとき, $|G_R| = 60$ より,

$$|\mathrm{PSL}_2(\mathbb{F}_{11})/G_R| = 11.$$

よって $\mathrm{PSL}_2(\mathbb{F}_{11})$ は 11 点集合 $\mathrm{PSL}_2(\mathbb{F}_{11})/G_R$ に作用する.

群 $\mathrm{PSL}_2(\mathbb{F}_q)$ は $\mathrm{PGL}_2(\mathbb{F}_q)$ の正規部分群である. 正 20 面体の場合, $G_R = A_5$ は単純群なので, $G_R \subset \mathrm{PGL}_2(\mathbb{F}_q)$ から $G_R \subset \mathrm{PSL}_2(\mathbb{F}_q)$ が従う.

これらの例に関連して, 次の定理が知られている.

定理 15.3　奇素数 $p \neq 5, 7, 11$ に対し，$\mathrm{PSL}_2(\mathbb{F}_p)$ の部分群 H であって $|\mathrm{PSL}_2(\mathbb{F}_p)/H| = p$ となるものは存在しない.

さらに，次の事実とも符合する.

- 正多面体 R に対し，

$$|G_R| + v(R) + e(R) + f(R) - 1 = \begin{cases} 5^2 & R = \mathrm{Te} \\ 7^2 & R = \mathrm{Cu, Oc} \\ 11^2 & R = \mathrm{Do, Ic}. \end{cases}$$

演習問題

(1) 素数 p に対し，群 $\mathrm{GL}_n(\mathbb{F}_p)$ の位数を求めよ.

(2) 群 $\mathrm{GL}_n(\mathbb{F}_p)$ の位数を素因数分解したときの p の指数を求めよ.

(3) 群 $\mathrm{GL}_n(\mathbb{F}_p)$ の部分群で，位数が $p^{\frac{1}{2} n (n-1)}$ であるものが存在することを示せ.

略解

(1) $|\mathrm{GL}_n(\mathbb{F}_p)| = \displaystyle\prod_{i=0}^{n-1} (p^n - p^i) = p^{\frac{1}{2} n (n-1)} \cdot \prod_{i=0}^{n-1} (p^{n-i} - 1)$.

(2) $\dfrac{1}{2} n (n-1)$

(3) $U \subset \mathrm{GL}_n(\mathbb{F}_p)$ を，(i, j) 成分が，$i = j$ のとき 1, $i > j$ のとき 0 である元全体の集合とすると，U は位数 $p^{\frac{1}{2} n (n-1)}$ の部分群になる.

参考文献

(1) F.クライン『正 20 面体と 5 次方程式』丸善出版

(2) 一松 信『正多面体を解く』東海大学出版部

(3) H. S. M. Coxeter, "Regular Polytopes", Dover Publications

(4) H.ヴァイル『シンメトリー』紀伊國屋書店

(5) 桂 利行『代数学 I, II, III』東京大学出版会

(6) 雪江 明彦 『代数学 1, 2, 3』日本評論社

(7) 田村 一郎『トポロジー』岩波書店

索　引

●配列は五十音順, ＊は人名を示す.

著者紹介 ▌

橋本　義武 （はしもと・よしたけ）

1962 年	愛知県に生まれる
1990 年	東京大学大学院理学系研究科博士課程修了
現在	東京都市大学教授・大阪市立大学客員教授・理学博士

放送大学教材　1569368-1-2111（テレビ）

正多面体と素数

発　行　　2021 年 3 月 20 日　第 1 刷
　　　　　2022 年 7 月 20 日　第 2 刷
著　者　　橋本義武
発行所　　一般財団法人　放送大学教育振興会
　　　　　〒105-0001　東京都港区虎ノ門 1-14-1　郵政福祉琴平ビル
　　　　　電話　03（3502）2750

市販用は放送大学教材と同じ内容です。定価はカバーに表示してあります。
落丁本・乱丁本はお取り替えいたします。

Printed in Japan ISBN978-4-595-32282-2　C1341